W0257361

Die
Farbenmischungslehre

und ihre praktische Anwendung.

Von

Karl Mayer,
Chemiker-Kolorist.

Mit 17 Textfiguren und 6 Tafeln.

Berlin.
Verlag von Julius Springer.
1911.

ISBN 978-3-642-47236-7   ISBN 978-3-642-47614-3 (eBook)
DOI 10.1007/978-3-642-47614-3

Softcover reprint of the hardcover 1st edition 1911

Vorwort.

In den letzten Jahren wurde durch verschiedene Erfindungen auf dem Gebiete der farbigen Reproduktionsmethoden das Interesse der Farbentechniker wieder auf die alten physikalischen Lehren von dem Mischen der Farben gelenkt. Die großen Erfolge des Dreifarbendruckes und der Farbenphotographie haben ein gründliches Studium der Farbenmischungsvorgänge herbeigeführt. Auch ich hatte Gelegenheit, durch die praktische Anwendung der Anilinfarbstoffe zu einer tieferen Erkenntnis dieser Vorgänge zu gelangen. Der Wunsch, die Vorgänge bei der Farbenmischung genau kennen zu lernen, hat mich zu systematischen experimentellen Arbeiten und Studien über die Farbenmischungen veranlaßt, deren Resultate in dem vorliegenden Buche veröffentlicht werden. Der Weg, der hier zu beschreiten war, ist ein sehr mühevoller, weil nur in geringem Maße vorhandene Literaturangaben benutzt werden konnten. Die Literatur, welche sich mit dem Mischen von Farben beschäftigt, ist nicht sehr zahlreich und teilweise schon vollkommen veraltet. Die neuere Farbenliteratur umfaßt nur den chemisch-technischen Teil der Anwendung von Anilinfarbstoffen, der physikalische Teil der Farbenmischungsvorgänge dagegen ist in der neueren Literatur nicht berücksichtigt worden. Es konnten aus diesem Grunde nicht viele Literaturangaben gemacht werden. Was die Anordnung des Stoffes betrifft, so ist sie derartig gewählt worden, daß der rein theoretische Teil der Farbenmischungsvorgänge von der praktischen Farbenmischung getrennt besprochen wurde. Die Farbenmischungsvorgänge bei den Lichtfarben wurden im ersten Kapitel ausführlich behandelt und finden in den folgenden Abschnitten des Buches keine weitere Berücksichtigung. Die Mischung von Körperfarben, welche den eigentlichen Inhalt des Buches bildet, ist zu einem einheitlichen Farbensystem ausgebildet worden. Im letzten Kapitel wurde an der Hand koloristischer Aufgaben gezeigt, in welcher Weise bestimmte Farbenmischungen herzustellen sind und es wird mit Hilfe dieser Anleitungen auch dem Anfänger möglich sein, sich mit den Mischungsvorgängen von Anilinfarben vertraut zu machen. Wenn vielleicht einzelne Kapitel, so namentlich das Kapitel über die satten und verdünnten Farben und jenes über die

Farbennomenklatur hätten ausführlicher behandelt werden können, so wird dies doch dem Verständnis des leitenden Grundgedankens des ganzen Buches keinen Abbruch tun. Ich war genötigt, den Stoff in eine kurze, gedrängte Form zu bringen, um dieses Werk, das mich acht Jahre hindurch beschäftigt hat, nunmehr zu einem Abschluß zu bringen.

Gerne hoffe ich, daß dem Buch das Urteil nicht versagt bleiben wird, daß es eine ernste und bloß nach Erkenntnis der Wahrheit strebende Arbeit ist. Das Buch ist im Sinne eines Lehrbuches gedacht, welches sich nicht bloß an den Färber und Drucker, sondern auch an alle jene Techniker und Studierenden wendet, welche sich mit der Mischung von Körperfarben vertraut machen wollen. Die Farbenmischungslehre soll nach meinem Wunsche zu einer neuen Disziplin ausgebildet werden, welche die verschiedenen, auf Anwendung von Farbstoffen beruhenden Industrien durch ein gemeinsames wissenschaftliches Band verbindet.

Es ist mir zum Schlusse noch eine angenehme Pflicht, den Herren Chemiker-Koloristen Ing. ·J. Silbiger und R. Epstein, welche mich bei der experimentellen Durcharbeitung der vergleichenden Färbe- untersuchungen in tatkräftiger Weise unterstützt haben, für ihre Mit- wirkung meinen besten Dank auszusprechen.

Wien, Januar 1911.

Karl Mayer.

Inhaltsverzeichnis.

Einleitung.

Mit der Erfindung der Anilinfarbstoffe brach zu Mitte des neunzehnten Jahrhunderts ein neuer Abschnitt für die Färberei an. Es standen nun dem Färber eine große Menge verschiedener Farbstoffe zur Verfügung. Die Studien zur Anwendung der Anilinfarbstoffe zielten in erster Linie darauf ab, praktische Färbemethoden ausfindig zu machen; der chemisch-technische Teil bildete den Hauptinhalt der gesamten Literatur über die Anwendung der Anilinfarbstoffe. Als durch die Wiedererfindung des Dreifarbendruckes das Interesse der Farbentechniker sich den altbekannten Farbenlehren zuwandte, zeigte es sich, daß die bis dahin bekannten Farbenlehren für die praktische Anwendung der Anilinfarbstoffe keinerlei Bedeutung besaßen. Die Anilinfarbstoffe wurden in rein empirischer Weise in der Färberei verwendet und da die Farbenchemie immer neue Gruppen schöner und wertvoller Farbstoffe lieferte, so wurde auf eine koloristische Durcharbeitung der Anwendungsmethoden für Anilinfarbstoffe wenig Gewicht gelegt. In neuester Zeit ist durch verschiedene Erfindungen, vor allem durch die Farbenphotographie, die färbigen Reproduktionsmethoden, durch die Heliogravüre etc. das Interesse aller Farbentechniker neuerlich auf die älteren Farbenlehren gelenkt worden. Die früheren Studien über die Mischungen der sogenannten Grundfarben Rot, Gelb, Blau sind aufgenommen worden und haben Resultate ergeben, welche namentlich im Farbendruck große praktische Bedeutung besitzen. Im Jahre 1902 erschien von Professor Joseph Klaudy in Wien eine Broschüre unter dem Titel: „Ein Verfahren zur Herstellung beliebiger Farbentöne auf Holz aus Mischungen dreier Farbstoffe", in welcher dargelegt wurde, daß die Mischungen der sogenannten Grundfarben imstande wären, sämtliche praktisch bekannten Farbentöne herzustellen. Diese Broschüre hat mich veranlaßt, Farbenmischungsstudien mit Anilinfarbstoffen in größerer Anzahl durchzuführen. Im Jahre 1905 veröffentlichte ich in der „Zeitschrift für Farben- und Textilindustrie" eine Arbeit unter dem Titel „Das Dreifarbensystem", in welcher ich darauf hinwies, daß durch Mischung von drei Anilinfarbstoffen sämtliche bekannten Farbennuancen herstellbar seien. 1906 erschien in der „Leipziger Monatsschrift für Textilindustrie" eine Arbeit von mir unter dem Titel: „Die Grundzüge der Koloristik". Seit dieser Zeit setzte ich die Studien über diesen Gegenstand fort und führte unter Mitwirkung mehrerer Koloristen experimentelle Arbeiten aus, welche bezweckten, den praktischen Wert der mit Hilfe dreier Grundfarben hergestellten Farbenmischungen näher zu erforschen. Im Jahre 1908 übermittelte ich der Industriellen Gesellschaft von Mülhausen zwei Arbeiten unter dem Titel „Vergleichende Farbenuntersuchungen", in welchen gezeigt wurde, daß die durch Mischung von sogenannten Grundfarben hergestellten Farbennuancen weniger wertvoll sind als die Anilinfarbstoffe. Es gelang, ziffernmäßig festzustellen, daß zur Herstellung bestimmter Farbennuancen mit Hilfe von Mischungen von Anilinfarbstoffen ein weit größerer Farbenverbrauch sich ergibt als bei Anwendung einheitlicher Anilinfarbstoffe. Ich wies in diesen Arbeiten nach, daß: „die Ausgiebigkeit eines Farbstoffes um so geringer ist, je größer die Reinheit seiner Nuance ist". Bei dieser Gelegenheit wies ich auch darauf hin, daß an eine praktische Anwendung der Dreifarbenmischung als geeigneten Ersatz der einheitlichen Anilinfarbstoffe nicht gedacht werden könne. Auf diese Arbeiten zurückzukommen ergibt sich später Gelegenheit. Die fortschreitenden experimentellen Versuche über diesen Gegenstand hatten mich erkennen lassen, daß der praktische Wert des Dreifarbensystems nicht in der Anwendung von Mischungen aus drei Grundfarben zu suchen sei, sondern daß vielmehr die analytische Erforschung der Farbennuancen mit Hilfe des Dreifarbensystems als der Endzweck aller Farbenmischungsstudien anzusehen sein wird. Demzufolge richteten sich meine Bestrebungen nunmehr dahin, eine auf experimenteller Grundlage fußende Farbennomenklatur zu schaffen.

Das Dreifarbensystem, dem ich ursprünglich eine viel größere Bedeutung zugemessen hatte, wurde nun das Mittel zu einem neuen Zwecke. Ich untersuchte viele bekannte Anilinfarbstoffe mit Hilfe des Dreifarbensystems, um so einen zahlenmäßigen Ausdruck für bestimmte Farbennuancen zu gewinnen. Die ursprüngliche Absicht, beliebige Farbennuancen mit Hilfe des Dreifarbensystems herstellen zu wollen, hatte ich fallen gelassen; der Zweck der Farbenmischungen mit Hilfe roter, gelber und blauer Grundfarbstoffe war lediglich der, Zahlen zu gewinnen, mittelst welcher sich die Farbennuancen genau umschreiben lassen. Die Resultate dieser Arbeit waren nun sehr günstige. Es ergab sich im Laufe der experimentellen Studien eine Farbennomenklatur, welche gestattete, bestimmte Farbentöne ohne jeden empirischen Versuch herzustellen. Die Fortsetzung der Studien zeigte, daß hier ein neuer Weg gefunden sei, um das Farbenmischungswesen auf eine theoretisch fest begründete Basis zu stellen. So gelangte ich nunmehr zu der hier vorliegenden Farbenmischungslehre. Das Ziel, welches ich im Auge hatte, war, dem bisher allgemein usuellen empirischen Farbenmischungswesen ein

Ende zu machen und an Stelle blinder Mischungsversuche eine auf wissenschaftlicher Grundlage beruhende Farbenmischungslehre aufzustellen. Ich war mir dabei bewußt, daß ich damit einem auf allen Gebieten der Farbentechnik deutlich empfindbaren Bedürfnis entgegengekommen bin. Die koloristische Ausbildung der Farbentechniker beschränkt sich bisher meistens einerseits nur auf die Kenntnis der verschiedenen Farbenlehren und färbigen Reproduktionsmethoden, andererseits auf die chemisch-technischen Anwendungsmethoden der Anilinfarbstoffe. Der Zusammenhang zwischen den physikalischen Farbenlehren und der Lehre von der Anwendung der Anilinfarbstoffe fehlt bisher vollständig. Es werden alljährlich neue Gruppen wertvoller Anilinfarbstoffe in den Handel gebracht, ohne daß ihre Anwendung in Farbenmischungen genauer untersucht würde. Ich glaube deshalb, daß die Schaffung einer koloristischen Basis, auf Grund welcher die Anilinfarbstoffe in der Färberei praktisch angewendet werden können, eine wertvolle Bereicherung der Praxis sein wird. Die Schaffung einer theoretischen Grundlage für die Herstellung von Farbenmischungen wird nicht nur der praktischen Anwendung der Anilinfarbstoffe förderlich sein, sondern auch geeignet sein, dem Koloristen ein klares Urteil zu verschaffen, welche Farbenmischungen anzuwenden sind und welche unrationell und infolgedessen von der praktischen Anwendung auszuschließen sind. Wenn man die Farbenkarten der verschiedenen Farbenfabriken betrachtet, wird man erkennen, daß zur Herstellung bestimmter Farbentöne auch Farbenmischungen vorgeschlagen werden, welche unökonomisch und koloristisch wertlos sind. Solche rein empirischen Farbenmischungen werden sukzessive bei klarer Erkenntnis der Farbenmischungsvorgänge ganz verschwinden. Es wird durch Schaffung einer theoretischen Grundlage für das Farbenmischungswesen die Färberei auf eine neue Grundlage gestellt werden und es ist zu erwarten, daß an Stelle von Meistern, welche jeder theoretischen Bildung entbehren, in Zukunft nur wissenschaftlich gebildete Koloristen die Leitung der Industrien übernehmen werden. Die im Nachfolgenden dargestellte Farbenmischungslehre wird nicht nur für die Färberei, sondern auch für den Dreifarbendruck und andere auf Anwendung von Farbstoffen beruhende Industrien befruchtend wirken. Es wird die klare Erkenntnis der Farbenmischungen, die vorher ganz gefehlt hat, diesen Industrien eine wissenschaftliche Basis geben, welche die praktische Arbeit jedenfalls zu fördern vermag.

————————

1*

I. Theoretische Farbenmischungslehre.

Erstes Kapitel.

Lichtfarben und Körperfarben.

Als im Jahre 1704 Isaak Newton seine bahnbrechenden Forschungen über die Farben veröffentlichte [1]), brach für das Studium der Farben eine neue Epoche an. Newton hatte nachgewiesen, daß das Sonnenlicht durch Brechung sich in die sieben Spektralfarben Rot, Orange, Gelb, Grün, Blau, Dunkelblau und Violett zerlegen lasse und hatte ferner gezeigt, daß diese Spektralfarben bei ihrer Vereinigung wieder die Farbe des Sonnenlichtes ergeben. Da man das Sonnenlicht als weiß bezeichnete, so bedeutete dieser Nachweis nichts anderes, als daß einerseits die Farbe Weiß aus den sieben Spektralfarben zusammengesetzt sei und daß sich dieses andererseits unter geeigneten Umständen in die sieben Spektralfarben zerlegen läßt. Diese Auffassung fand allgemeine Verbreitung und bildete die Grundlage der Newtonschen Farbenlehre. Newton suchte seine Entdeckung auch auf andere Weise zu stützen. In dem Buche über die Optik führt er u. a. auch als Experiment den sogenannten „Farbenkreisel" an; derselbe besteht aus einer kreisförmigen Scheibe, auf welcher bestimmte Körperfarben aufgetragen sind. Wird nun diese Scheibe durch eine geeignete Vorrichtung in sehr rasche Rotation versetzt, so kann das Auge die empfangenen Farbeneindrücke nicht mehr klar unterscheiden und empfängt ein Gesamtbild der auf der Scheibe aufgetragenen Farben. Dieses Rotationsbild zeigt nun verschiedene merkwürdige Eigenschaften. Trägt man auf der Scheibe die sieben Farben des Sonnenspektrums in verschieden großen Sektoren mittelst Körperfarben auf und setzt alsdann die Scheibe in rasche Rotation, so nimmt man wahr, daß mit Zunahme der Geschwindigkeit der Scheibe sich die Farben im Auge des Beobachters

---

[1]) Newton, Optik.

sukzessive auslöschen und an Stelle der einzelnen Spektralfarben ein
Gesamtbild entsteht, welches eine hellgraue, nahezu weiße Färbung besitzt. Dieses Experiment deutet darauf hin, daß die sieben Spektralfarben, auch wenn sie nicht die wirklichen Farben des Sonnenlichtes
sind, sondern sich als Körperfarben darstellen, sich ebenfalls unter geeigneten Umständen zur Farbe Weiß vereinigen lassen Es war damit nun
ein nahezu unumstößlicher Beweis geschaffen, daß die Spektralfarben
sowohl als Farben des Sonnenlichtes als auch als Körperfarben bei ihrer
Vereinigung die Farbe Weiß ergaben. Auf die Experimente am Farbenkreisel zurückzukommen ergibt sich noch später Gelegenheit. Bald
nach dem Bekanntwerden der Newtonschen Farbenlehre wurden nunmehr allgemein Versuche angestellt, um die Lehre von den Spektralfarben praktisch zu verwerten. Der Kupferstecher Jakob Christoph
le Blon erfand um das Jahr 1720 (die Jahreszahl ist nicht ganz zuver-
lässig) ein Verfahren, bunte Bilder herzustellen, indem er die sieben
Spektralfarben aufeinander druckte. Er erkannte später, daß man
dieselben Farbeneffekte erzielen könne, wenn man an Stelle einer
Mischung von Spektralfarben sich nur der drei Farben Rot, Gelb
und Blau bediene. Le Blon, ein Frankfurter Bürger, ist als der
eigentliche Erfinder des Dreifarbendruckes anzusehen. Sein Verfahren ist jedoch nach seinem Tode wieder in Vergessenheit geraten
und mußte zu Beginn des 19. Jahrhunderts erst von neuem wieder
entdeckt werden. Der Farbendruck mittelst der Spektralfarben zeigte
nun Ergebnisse, welche in schroffem Gegensatz zu den Lehren Isaak
Newtons standen. Druckte man nämlich die Farben Rot, Orange, Gelb,
Grün, Blau, Dunkelblau und Violett aufeinander, so nahm man wahr,
daß die hierbei entstehende Farbenmischung nicht die Farbe Weiß,
sondern vielmehr die Farbe Schwarz ergibt. Die von Le Blon gefundene
Vereinfachung, daß man anstatt der Spektralfarben auch die sogenannten
drei Grundfarben Rot, Gelb und Blau verwenden könne, gab ebenfalls
als Mischungsresultat die Farbe Schwarz. Die Erkenntnis von der
Unrichtigkeit der Newtonschen Farbenlehre brach sich nun allgemein
Bahn, und es entstand gegen Ende des 18. Jahrhunderts jener große
Farbenstreit, in dessen Mittelpunkt bekanntlich Wolfgang v. Goethe
stand. Goethe war durch seine Studien über Malerei sukzessive mit
der Farbenmischungslehre bekannt geworden und hatte erkannt, daß
die Spektralfarben, wenn sie als Körperfarben verwendet werden, bei
ihrer Mischung niemals die Farbe Weiß, sondern stets die Farbe Schwarz
ergeben. Er beschäftigte sich nunmehr einige Jahre mit Farbenstudien
und gelangte immer mehr zu der Überzeugung, daß die Angaben Newtons nicht richtig sein könnten. Er bestritt auf das heftigste, daß die
Spektralfarben sich zu Weiß vereinigen lassen und betonte immer wieder,
daß seine eigenen Experimente gerade das Gegenteil ergeben hätten.
Goethes Farbenlehre stand in einem Widerspruch zu dem Geist seiner

Zeit. Goethe äußerte sich oft in Epigrammen und verschiedenen Stellen seiner Schriften in erbitterter Weise gegen die Anhänger der Newtonschen Farbenlehre. Trotz alledem fanden seine Angaben wenig Anerkennung, weil die Richtigkeit der von Newton angegebenen Experimente nachgewiesen war und nicht bezweifelt werden konnte. Der Streit, ob die Spektralfarben sich zu Weiß oder Schwarz vereinigen, dauerte lange Zeit an und blieb bis zum Jahre 1856 ein ungelöstes Problem. Sowohl die Anhänger der Newtonschen wie jene der Goetheschen Farbenlehre brachten eine große Anzahl von Experimenten, welche scheinbar bewiesen, daß jede dieser Farbenlehren richtig sei. Erst den tieferen Studien Hermann v. Helmholtz' blieb es vorbehalten, daß dieses wichtige Problem seine theoretische Lösung fand[1]). Helmholtz wies auf den großen Unterschied hin, der besteht zwischen den Spektralfarben des Sonnenlichtes und den sogenannten Spektralfarben, welche mittelst Körperfarben herstellbar sind. Vereinigt man die sieben Spektralfarben des Sonnenlichtes, so ergibt sich stets wieder die Farbe des Sonnenlichtes, mischt man jedoch sieben Körperfarben, welche das Aussehen von Spektralfarben besitzen, so resultiert die Farbe Schwarz. Die Experimente am Farbenkreisel, bei dem die Mischung der sieben den Spektralfarben ähnlichen Körperfarben die Farbe Weiß ergab, wurden von Helmholtz als hochkomplizierter Vorgang erkannt.

Die Zerlegung des Sonnenlichtes mit Hilfe des Glasprismas in die sieben Spektralfarben konnte keinen Zweifel lassen, daß das Sonnenlicht tatsächlich, wie bereits Newton nachgewiesen hatte, aus den Farben Rot, Orange, Gelb, Grün, Blau, Dunkelblau und Violett zusammengesetzt sei. Da nunmehr diese Spektralfarben bei ihrer Wiedervereinigung die Farbe des Sonnenlichtes ergeben, so mußte die Angabe, daß das Sonnenlicht aus den Spektralfarben zusammengesetzt sei, als unbedingt richtig anerkannt werden.

Die Prüfung der Angaben Goethes, daß die den sieben Spektralfarben ähnlichen Körperfarben sich zu Schwarz vereinigen, hatte ferner ergeben, daß diese Angaben ebenfalls vollkommen richtig seien. Es waren demnach zwei Tatsachen festgestellt worden, welche in vollkommenem Gegensatz zueinander standen. Der Farbenkreisel, der scheinbar eine Ausnahme bildete, war der Gegenstand anderer Untersuchungen, die noch näher besprochen werden. Es galt nun, die beiden Begriffe Lichtfarben und Körperfarben genau zu präzisieren, um so zu einer Erkenntnis des grundlegenden Unterschiedes der Mischungen dieser beiden Farbenarten zu gelangen. Die Lichtfarben, welche sich durch Zerlegung des Sonnenlichtes mittelst des Glasprismas erhalten ließen, waren, der Natur des Sonnenlichtes entsprechend, als Schwingungen des Äthers aufgefaßt worden. Es war nachgewiesen,

---

[1]) Helmholtz, Physiolog. Optik.

daß das Sonnenspektrum sämtliche Farben vom Ultrarot mit der Wellen-
länge 1940 Millionstel Millimeter bis zum Ultraviolett mit der Wellen-
länge 295 Millionstel Millimeter umfaßt. Die Mischung der Lichtfarben
hatte ergeben, daß je zwei oder mehrere Lichtfarben sich zu einem
immer intensiveren Lichte vereinigen, welches als ein mehr oder weniger
helles Weiß aufgefaßt werden kann. Es wurde auch von mir eine
große Anzahl von Mischungsversuchen mit Hilfe von Lichtfarben ausgeführt. Die Experimente waren in der Weise durchgeführt, daß ich
drei konische Röhren aus Weißblech a, d, g auf einer Tischplatte be-
festigte; in jeder dieser Röhren war eine elektrische Glühlampe b, e, h
(Stärke 50 Kerzen) angebracht. Das rückwärtige Ende der Röhre war
verschlossen, das vordere Ende war mit einer farbigen Glasplatte c, f,
i bedeckt. Die Anordnung der Röhren war derart getroffen, daß sich
die Strahlenkegel kreuzten und auf einem vorn befindlichen weißen
Leinwandschirm k vereinigt wurden (siehe Fig. 1).

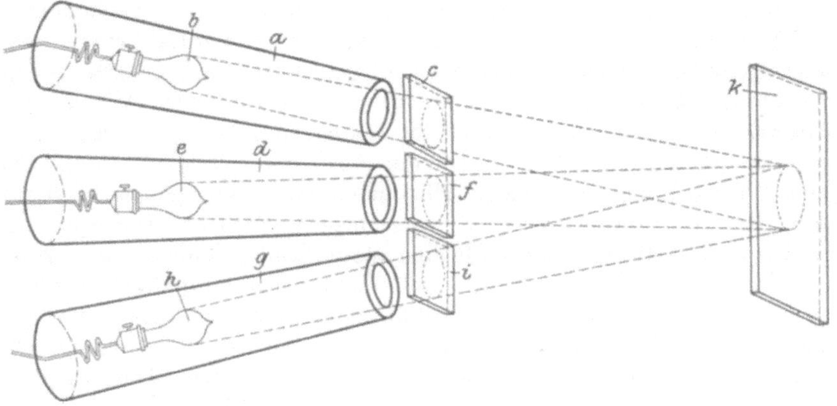

Fig. 1.

Es wurden zuerst die zwei Glühlampen in den beiden Röhren eingeschaltet und dann vor jede dieser Röhren eine farbige Glasplatte gelegt.
Durch die Glasplatte drang ein der Farbe derselben entsprechender Strahlenkegel auf den Leinwandschirm und vereinigte sich mit der Farbe des aus
der anderen Röhre kommenden Lichtes. Die Vereinigung der beiden Licht-
farben ergab ein sofortiges Hellerwerden des Lichtbildes. Wurde bei-
spielsweise die Farbe Rot mit der Farbe Blau vereinigt, so zeigte sich am
Wandschirm ein mattes Weiß. Wurde die Farbe Gelb mit der Farbe
Rot vereinigt, so erhielt man ebenfalls ein etwas weniger helles Weiß.
Die Farbe Blau mit Gelb vereinigt ergab gleichfalls ein etwas trübes
Weiß; ein sehr helles Weiß dagegen zeigte sich bei Vereinigung der
Farben Grün und Rot. Ein trübes Weiß resultierte wiedei bei Ver-

bindung der Farbe Grün mit der Farbe Violett. Es wurden noch verschiedene andere derartige Versuche mit zwei Lichtstrahlenkegeln ausgeführt, die sämtlich ein mehr oder weniger helles Weiß auf dem Wandschirm ergaben.

Nunmehr wurden die Glühlampen in sämtlichen drei Röhren eingeschaltet und Mischungsversuche mit drei farbigen Lichtkegeln ausgeführt. Es ergab sich, daß die Farben Rot, Gelb und Blau, auf dem Wandschirm vereinigt, ein sehr helles intensives Weiß erzeugten; ebenfalls ein sehr intensives Weiß zeigte sich bei Kombination der Farben Gelb, Grün und Violett, ebenso bei Rot, Gelb und Grün. Die verschiedenartigsten Lichtfarbenmischungen, welche in der gleichen Weise ausgeführt wurden, ergaben sämtlich ein mehr oder minder helles, intensiv leuchtendes Weiß. Es war somit zweifellos klargestellt, daß die Mischung der Lichtfarben Rot, Gelb und Blau immer ein intensives Weiß ergibt und daß sämtliche anderen Lichtfarben, zu je dreien vereinigt, bei ihrer Mischung ebenfalls ein mehr oder weniger helles Weiß erzeugen. Um zu Farbenabstufungen des Lichtkegels zu gelangen, wurden an Stelle der farbigen Glasplatten auch eine große Anzahl von Versuchen mit farbigen Flüssigkeiten angestellt. Es wurde vor jeder der Lichtröhren ein viereckiger Glasbecher aus Spiegelglas aufgestellt (ein sog. „Glaskasten"), welcher mit der Lösung eines Anilinfarbstoffes angefüllt war. Wurde nunmehr der Lichtstrahlenkegel durch die Flüssigkeit geleitet, so ergab sich am Wandschirm jene Farbe, welche der Farbe der Flüssigkeit entsprach. Durch Verdünnung der farbigen Flüssigkeit mit Wasser gelang es, während der Beleuchtungsversuche verschiedene Farbenabstufungen zu erzielen. Mit Hilfe dieser einfachen Vorrichtung konnte eine große Anzahl von Mischungsversuchen mit Lichtfarben ausgeführt werden, welche einen interessanten Aufschluß über die Lichtmischungen lieferten. Sowohl die bekannten Newtonschen Versuche der Vereinigung der sieben Spektralfarben zu Sonnenlicht, als auch diese Mischungsversuche zeigten, daß die Lichtfarben sich immer zu einem bald helleren, bald dunkleren Weiß vereinigen lassen. Es findet bei den Lichtfarben die sogenannte „Farbenaddition" statt; je mehr Lichtfarben sich vereinigen, d. h. je größer die Farbenaddition ist, desto intensiver ist die Helligkeit der entstehenden weißen Lichtfarbe. Diese Farbenaddition bildet ein wesentliches Merkmal der Mischung von Lichtfarben.

Helmholtz, der sich sehr eingehend mit dem Studium der Körperfarbenmischung befaßte, hatte erkannt, daß bei der Mischung von Körperfarben keine Farbenaddition stattfinden kann, sondern daß hier ein von der Lichtfarbenmischung grundverschiedener Vorgang stattfinden müsse. Die Körperfarben sind ihrem physikalischen Wesen nach von den Lichtfarben vollkommen verschieden. Während die Lichtfarben der Natur des Äthers entsprechend nicht an die Materie gebunden sind, stehen die Körperfarben in vollkommener Abhängigkeit von der Materie, mit der sie erscheinen. Die Körperfarben sind keine

„Farben an sich". Das Aussehen einer Körperfarbe ist immer davon abhängig, von welcher Lichtquelle dieselbe beleuchtet wird. Wenn eine Körperfarbe dem Auge des Beobachters als Farbe erscheinen soll, muß sie unbedingt immer von einer Lichtquelle beleuchtet werden, die Farbe wirkt dann gewissermaßen als ein Transformator des Lichtes. Um diesen Unterschied der Eigenschaften der Körperfarben dem Lichte gegenüber an einem Beispiel zu illustrieren, könnte man einen Vergleich zwischen dem elektrischen Strom und der elektrischen Glühlampe anstellen. Letztere ist nur dann imstande, Licht auszustrahlen, wenn der elektrische Strom eingeschaltet ist und verliert sofort diese Eigenschaft, sobald der Strom ausgeschaltet wird. Ebenso verhält es sich nun mit der Farbe der Körperfarben. Werden diese in einem dunkeln Raume aufbewahrt, so ist das menschliche Auge nicht imstande, diese Farben wahrzunehmen. Sobald nun diese Körperfarben von einem Lichtstrahl beleuchtet werden, dann erst erscheinen sie dem Auge als Farben. Die Körperfarben sind nur als ein physikalisches Mittel aufzufassen, welches imstande ist, aus den verschiedenen Farben der Beleuchtungsquellen einzelne Farben auszulösen oder zu reflektieren und andere Farben zu absorbieren. Die wesentlichen Funktionen der Körperfarben bestehen demnach, rein physikalisch betrachtet, einerseits aus einer Reflexionsfähigkeit von bestimmten Lichtfarben und andererseits einer Absorption einiger Lichtfarben. Die Tatsache, daß die Körperfarben erst dann eine Farbenwirkung zeigen, wenn sie vom Lichte beleuchtet werden, läßt den großen Unterschied zwischen den Lichtfarben und den Körperfarben klar erkennen. Eine Lichtfarbe ist auch dann leuchtend, wenn sie im dunkeln Raume (Camera obscura) erscheint; in diesem Raume hingegen ist eine Körperfarbe nicht leuchtend. Um die Körperfarbe leuchtend zu machen, ist das Vorhandensein einer Lichtquelle die erste Grundbedingung. Hieraus geht hervor, daß das Mischungsergebnis der Lichtfarben von jenem der Körperfarben verschieden sein muß. Während die Lichtfarben selbstleuchtend sind und aus diesem Grunde bei ihrer Vereinigung immer neues Licht addieren, sind die Körperfarben nicht an sich selbstleuchtend. Ihre Vereinigung ist nur eine Vermehrung und Addition der Materie, aber keine Addition von Lichtern. Die Untersuchungen von Helmholtz und anderen Forschern führten zu der Erkenntnis, daß jede Vermischung von Körperfarben eine Abnahme des Lichtes der Beleuchtungsquelle zur Folge hat.

Bestreicht man beispielsweise eine intensiv rot gefärbte Papierfläche mit einer gelben Farblösung, so erscheint das Papier nach dem Trocknen orangerot gefärbt. Diese Orangefärbung ist weniger intensiv leuchtend, als es vorher die rote Farbe war. Bestreicht man ein intensiv blau gefärbtes Papier mit einer gelben Farblösung, so erscheint das Papier nach dem Trocknen grün gefärbt; die so entstehende grüne Mischfarbe ist wieder weniger intensiv leuchtend, als es vorher die blaue

Farbe des Papieres war. Auf ähnliche Weise erhält man als Mischungsergebnis die Farbe Violett, wenn man satt rot gefärbtes Papier mit einer
satt blauen Farblösung bestreicht. Auch hier ist nach der Überdeckung
des roten Papieres mit der blauen Farbe eine beträchtliche Abnahme
der Leuchtkraft der Farbe wahrzunehmen. Diese drei Farbenmischungs-
experimente lassen erkennen, daß die Mischung zweier Grundfarben
stets mit einer Abnahme ihrer Leuchtkraft verbunden ist.

Helmholtz zog aus derartigen Versuchen den Schluß, daß aus
dem Lichte, welches die Voraussetzung für das Sichtbarwerden der
Körperfarben bildet, bei der Mischung zweier Körperfarben stets Lichtfarben ausgelöscht werden.

Während die rote Farbe aus dem vorhandenen Tageslicht alle Lichtfarben, mit Ausnahme der roten Farbe absorbiert, die gelbe Farbe ganz
analog alle Farben, mit Ausnahme der gelben Farbe aus dem Tages-
lichte absorbiert, so hat bei der Übereinanderschichtung der gelben
Farbe über die rote Farbe das Gelb alle Lichter des Tageslichtes mit
Ausnahme der gelben Lichtfarbe absorbiert und läßt demzufolge nur
einen gelben Strahlenkegel auf die rote Farbenschichte auftreffen. Wird
nun die rote Körperfarbe nur von gelben Lichtfarben beschienen, so
tritt eine Lichtabsorption ein, und als praktisches Resultat erhält man
die Mischungsfarbe Orange, die tatsächlich weniger Lichtfarben enthält,
als in jeder einzelnen der ursprünglich vorhandenen Farben Rot und
Gelb enthalten waren. Vollkommen ebenso ist der Vorgang bei der
Mischung der Farben Blau und Gelb. Das Blau gefärbte Papier hat
sämtliche Farben des Tageslichtes mit Ausnahme der blauen Farbe absorbiert. Wird nun das Papier mit einer gelben Farbenschichte bedeckt,
so können, nachdem seinerseits die gelbe Körperfarbe alle Lichtfaben
mit Ausnahme von gelb absorbiert hat, nur noch gelbe Lichtfarben auf
das blau gefärbte Papier auftreffen. Es werden nun gemäß der physikalischen Eigenschaft der Farbe Blau von dieser die gelben Lichtfarben
absorbiert und es erscheint als praktisches Mischungsresultat die Farbe
Grün. Es findet somit bei der Übereinanderschichtung zweier Körperfarben eine Farbenfiltration statt, welche eine Abnahme der Intensität
der Leuchtkraft zur Folge hat. Streicht man über ein intensiv rot
gefärbtes Papier eine gelbe Farblösung, so erhält man nach dem Trocknen,
wie oben erwähnt, eine orangerote Farbe. Streicht man alsdann über
dieses orange gefärbte Papier eine intensiv blaue Farblösung, so erhält
man schließlich eine tief schwarze Färbung. Die Übereinanderschichtung
von blau und gelb ergab nach obigem Versuche die Farbe Grün. Bestreicht man das grün gefärbte Papier mit einer intensiv roten Farblösung und trocknet alsdann, so erhält man eine tiefschwarze Färbung.
Wie bekannt, erhält man die Farbe Violett, wenn man ein rotes Papier
mit einer blauen Farbenschichte bedeckt. Bestreicht man dieses nunmehr violette Papier mit einer gelben Farblösung, so zeigt sich nach dem

Trocknen ebenfalls wieder eine intensiv schwarze Färbung. Die Mischung von rot, gelb und blau führt demnach bei allen diesen drei Experimenten immer zu der Farbe Schwarz. Die Reihenfolge, in welcher die Farbenmischung erfolgt, ist hierbei ganz gleichgültig. Es ergibt sowohl orange + blau oder grün + rot oder violett + gelb stets als Endresultat die Farbe schwarz. Es hat sich aus den früher erwähnten drei Mischungsversuchen bereits ergeben, daß bei der Mischung von Körperfarben eine Lichtfiltration stattfindet; wie bekannt enthält die Farbe Orange bereits bedeutend weniger Lichtfarben, als die Farbe Rot besessen hatte. Wird alsdann über die Farbe Orange eine blaue Farbenschicht aufgetragen, so ist das Licht genötigt, drei Farbenschichten zu passieren. Die oberste, blaue Farbenschicht absorbiert alle Farben des Tageslichtes mit Ausnahme der Farbe Blau, die zweite, gelbe Schicht empfängt nur noch einen blauen Lichtfarbenkegel und absorbiert alle Lichtfarben mit Ausnahme der Farbe Gelb. Unterhalb der gelben Farbenschicht kommen nur mehr jene Lichtfarben, welche die blaue und die gelbe Farbenschicht passiert haben, nämlich, wie aus den vorigen Versuchen hervorgeht, die Farbe Grün. Treffen nun diese grünen Lichtstrahlen auf die unterste, rote Farbschicht des Papiers, so werden von dieser alle Lichtfarben mit Ausnahme von rot absorbiert. Da nunmehr in dem grünen Lichtfarbenkegel kein rotes Licht mehr vorhanden ist, so werden sämtliche noch vorhandenen Lichtfarben von der roten Farbschicht absorbiert, d. h. das gesamte Tageslicht wird ausgelöscht und es bietet sich dem Auge eine vollkommen lichtlose Fläche dar, das ist, rein praktisch betrachtet, die Farbe Schwarz. Durch die Farbenfiltration der drei Farbenschichten sind nach der Helmholtzschen Erklärung alle Farben des Tageslichtes absorbiert worden und es ist völlige Lichtlosigkeit in der letzten Schicht eingetreten. Wird auf ein grün gefärbtes Papier eine rote Farbschicht aufgetragen, so geht folgender Prozeß vor sich. Das Tageslicht trifft auf die oberste, rote Farbschicht auf; hierbei werden nur die roten Lichtfarben passieren gelassen, während alle andern Lichtfarben absorbiert werden. Indem diese roten Lichtfarben auf die nächste, gelbe Schicht auftreffen, tritt eine weitere Absorption ein und es passieren, wie uns bekannt, nur orange gefärbte Lichtfarben die gelbe Schicht. Beim Auftreffen dieser Lichtfarben auf die letzte, blaue Schicht werden alle noch vorhandenen Lichtfarben absorbiert und als Resultat ergibt sich dem Auge ein lichtloser Zustand, welcher dem Auge als die Farbe Schwarz erscheint. Genau in der gleichen Weise erfolgt die Farbenfiltration, wenn auf ein violett gefärbtes Papier die Farbe Gelb aufgetragen wird. Die oberste Schicht läßt nur gelbe Lichtfarben passieren, die zweite, blaue Farbschicht nur grüne Lichtfarben, worauf die letzte, rote Schicht den Rest der eintreffenden grünen Lichtstrahlen absorbiert, wobei das gesamte empfangene Licht ausgelöscht wird und als Resultat die Farbe Schwarz entsteht.

Durch diese und verschiedene andere Farbenmischungsversuche
ist schon vor langer Zeit von Helmholtz und anderen Forschern der
Nachweis erbracht worden, daß die Vorgänge bei der Mischung der
Körperfarben von jenen bei der Mischung der Lichtfarben vollkommen
verschieden sind und ganz entgegengesetzter Natur sein müssen. Während, wie bekannt, die Mischung der Lichtfarben immer zu einer Vermehrung oder Addition des Lichtes führt, findet bei der Mischung der
Körperfarben keine Vermehrung des ursprünglich vorhandenen Lichtes
statt. Da, wie wir wissen, die Lichtwirkung der Körperfarben nur durch
Beleuchtung zustande kommt und jede Körperfarbe nur auf bestimmte
Lichtfarben reagiert, während sie alle anderen Lichtfarben absorbiert,
so findet bei jeder Mischung der Körperfarben eine Verminderung der
Lichtreflexion und eine Vermehrung der Lichtabsorption statt. Die
natürliche Folge dieser korrespondierenden Vorgänge ist eine Abnahme
der Helligkeit bei jeder Mischung, welche man mit Körperfarben vornimmt. Diese Vorgänge sind schon sehr lange bekannt und werden als
„Farbensubtraktion" bezeichnet.

Im Anschluß an die Farbenadditionsversuche mit Lichtfarben
wurden von mir auch Farbensubtraktionsversuche durch Beleuchtung
vorgenommen. Es wurden vor eine Lichtröhre, welche mit einer elektrischen Glühlampe von 50 Normalkerzen Stärke ausgestattet und rückwärts verschlossen war, drei farbige Glasplatten angebracht; in einer
gewissen Entfernung war ein weißer Leinwandschirm an der Wand
befestigt (siehe Fig. 2).

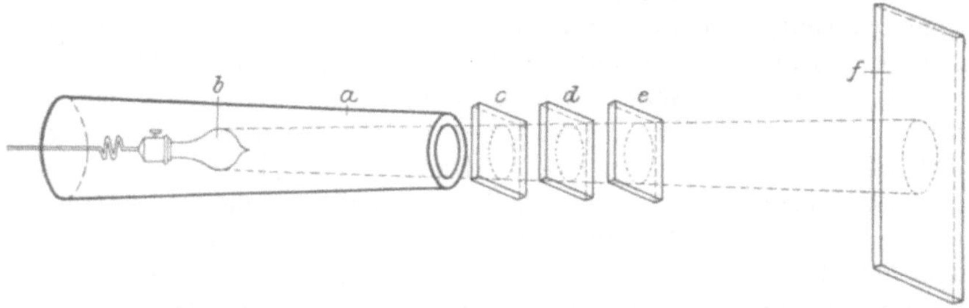

Fig. 2.

Nach Einschaltung der Glühlampe wurde zuerst vor die Lichtröhre
eine rote Glasplatte gebracht. Am Wandschirm entstand ein intensiv
rotes Farbenbild; nach Anbringung einer blauen Glasplatte vor die rote
Platte erschien am Schirm ein Bild von intensiv violetter Färbung.
Es wurde alsdann die rote Glasplatte entfernt und vor die blaue Platte
eine solche von gelber Farbe gebracht; am Wandschirm erschien nun
eine intensiv grüne Färbung. Stellte man sämtliche drei Glasplatten Rot,
Gelb und Blau (c, d, e) hintereinander vor der Glasplatte auf, so zeigte sich

am Leinwandschirm ein ganz dunkles Lichtbild. Ähnliche Versuche wurden auch mit farbigen Flüssigkeiten (sogenannten Flüssigkeits-Lichtfiltern) vorgenommen. Sie ergaben ganz analoge Resultate wie die früher beschriebenen Farbenmischungsversuche mit Körperfarben. Es tritt bei dieser Hintereinanderschaltung von Lichtfiltern eine stufenweise Farbensubtraktion ein. Es wurden, wie diese Versuche zeigten, sämtliche Lichtfarben durch die farbigen Lichtfilter sukzessive ausgelöscht und am Wandschirm entstand an Stelle eines farbigen Bildes ein dunkler Fleck. Damit erscheint die Helmholtzsche Theorie der Farbensubtraktion der Körperfarben an diesen Beleuchtungsexperimenten mit hintereinandergeschalteten Lichtfiltern ebenfalls deutlich nachgewiesen.

Es erübrigt nunmehr noch, das Problem des Newtonschen Farbenkreisels näher zu untersuchen. Während, wie wir wissen, die Lichtfarbenmischung immer die Farbe Weiß ergibt, hingegen jede Mischung von Körperfarben ein Abdunkeln der Farben zur Folge hat und sukzessive den Übergang zur Farbe Schwarz herbeiführt, ist beim Newtonschen Farbenkreisel eine Farbenmischung bemerkbar, welche in einem scheinbaren Gegensatz zu den bisherigen Resultaten der Mischungen von Körperfarben steht. Wenn nämlich auf der Farbenscheibe drei gleich große Sektoren Rot, Gelb und Blau mit Hilfe von Körperfarben aufgetragen werden und diese kreisförmige Scheibe in rasche Rotation versetzt wird, so erscheint das bei der Rotation entstehende Farbenbild hellgrau gefärbt. Da es sich hier um eine Mischung von Körperfarben handelt, so müßte nach der Helmholtzschen Subtraktionslehre logischerweise, nicht etwa die Farbe Weiß, sondern die Farbe Schwarz sich ergeben. Die Zwischenstellung, welche dieses Mischungsergebnis zwischen den Lichtfarben und den Körperfarben einnimmt, hat allgemein zur Erörterung der Ansichten über die Farbenmischungen geführt. Das Farbenmischungsergebnis an der Rotationsscheibe im Sinne von Lichtfarben zu deuten, ist nicht gut möglich, da doch hierbei keine Lichtfarben, sondern lediglich Körperfarben zur Anwendung kommen. Es galt nunmehr, dieses Problem eingehender zu untersuchen, um die Abweichungen des Farbenbildes von den theoretisch erwarteten Resultaten genau festzustellen. Zur Untersuchung dieser Abweichungen wurden von mir eine große Anzahl von Rotationsversuchen mit verschiedenen farbigen Newtonschen Scheiben ausgeführt.

Der ursprüngliche Newtonsche Farbenkreisel bestand, wie bekannt, aus einer kreisförmigen Scheibe, auf welche die sieben Spektralfarben in verschieden großen Sektoren aufgetragen waren. Sobald dieselbe in Rotation versetzt wird, zeigt sich ein hellgraues Lichtbild. Newton zog aus diesem Ergebnis die Folgerung, daß sich die sieben Spektralfarben, wenn sie aus Körperfarben hergestellt werden, ebenso zu der Farbe Weiß vereinigen wie die sieben Spektralfarben des Sonnen-

lichtes. Der große Widerspruch, in welchem diese Folgerung zu allen
anderen Mischungsexperimenten mit Körperfarben stand, legte die
Vermutung nahe, daß dieser Schluß nicht richtig sein könne. Die genaue Untersuchung der Mischungsvorgänge am Farbenkreisel ergibt,
daß die Farbenmischung bei der Rotation der Scheibe ein sehr kompli-
zierter Vorgang ist, welcher von der gewöhnlichen Art der Farbenmischung verschieden ist. Die Mischung der Farben bei der Rotation
einer in farbige Sektoren eingeteilten kreisförmigen Scheibe beruht
auf der Tatsache, daß das menschliche Auge in der Sekunde nur eine
beschränkte Anzahl von Bildern zu erkennen imstande ist. Wird
diese Zahl überschritten, so gelangen die Bilder nicht mehr in ihrer Einzel-
heit dem Gehirn zur deutlichen Erkenntnis, sondern erscheinen vielmehr
als ein unklares Gesamtbild. Auf diesem in der Zeitfolge stattfindenden
Ineinandergreifen der Lichteindrücke beruht bekanntlich auch die
Funktion des Kinematographen. Bei den Farbenrotationsbildern ist
das Verschwimmen der Farbeneindrücke im menschlichen Auge ein derartiges, daß der Beobachter nicht mehr imstande ist, die einzelnen
Farben, aus welchen sich das Rotationsfarbenbild zusammensetzt, zu
unterscheiden. Es verschwindet bei rascher Rotation die Erkenntnis
der Aufeinanderfolge vollständig und es kommt im Gehirn nur mehr
ein sehr unklares Bild zum Bewußtsein. Die rasche Aufeinanderfolge der Farbeneindrücke ermüdet das menschliche Auge und macht
es ihm unmöglich, die entstehenden Farbentöne genau zu präzisieren.
Von einer Farbenmischung im gewöhnlichen Sinn des Wortes kann also
bei der Rotation einer mit farbigen Sektoren bedeckten Scheibe keineswegs gesprochen werden.

Um zu prüfen, ob die Farbeneindrücke während der Rotation der
Scheibe analoge sind wie jene, welche bei anderer Farbenmischung ent-

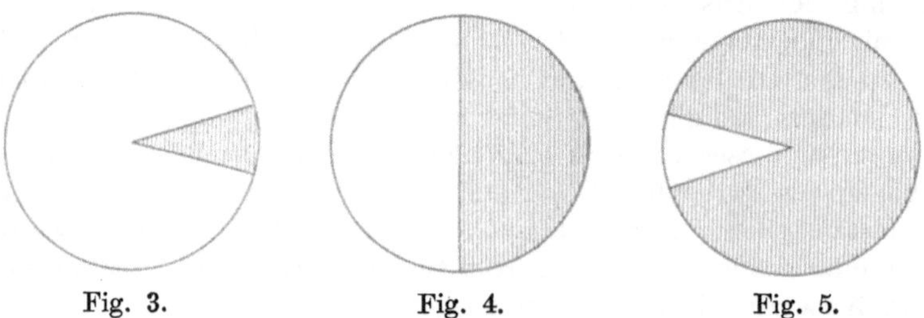

Fig. 3.   Fig. 4.   Fig. 5.

stehen, wurde eine weiße Scheibe mit einem kleinen roten Sektor ausgestattet und in Rotation versetzt (Fig. 3). Das Rotationsbild war
hellrosa gefärbt. Nunmehr wurde eine zweite (Fig. 4) weiße Scheibe
zur Hälfte rot gefärbt, während die andere Hälfte weiß blieb; es ergab
sich bei Rotation dieser Scheibe ein intensiv rotes Aussehen. Eine
dritte Scheibe (Fig. 5) wurde alsdann mit Ausnahme eines sehr kleinen

weißen Sektors vollkommen mit roter Farbe bestrichen; das Farbenbild war bei der Rotation alsdann dunkelrot.

Eine vollkommen rote Scheibe zeigte bei der Rotation ein unverändert
dunkelrotes Aussehen. Diese vier Rotationsversuche mit Scheiben,
welche mit verschieden großen roten Sektoren versehen waren, zeigten
daß die Intensität des Farbenbildes bei der Rotation um so größer ist,
je größer die Fläche des mit Farbe bedeckten Sektors ist; zu analogen
Ergebnissen führten ähnliche Experimente mit gelben, blauen und
grünen Scheiben. Nunmehr wurden Versuche mit zwei doppelfarbigen
Sektoren vorgenommen. Es wurden ein kleiner roter und ein kleiner
blauer Sektor nebeneinander auf einer weißen Scheibe aufgetragen und
diese in rasche Rotation versetzt (Fig. 6). Das Rotationsbild war hell-
violett gefärbt. Vergrößerte man hierauf die beiden Sektoren bis zu je
ein Viertel des Vollkreises (Fig. 7), so daß die eine Hälfte der Scheibe
mit Farben bedeckt war, die andere Hälfte weiß blieb, so zeigte die Scheibe
bei der Rotation ein intensiv violettes Farbenbild. Ein tief violettes
Aussehen ergab sich, sobald die Scheibe zu je gleichen Hälften mit
roter und blauer Farbe bedeckt wurde (Fig. 8). Der Vergleich der
Rotationsbilder dieser drei Scheiben zeigte ebenfalls, daß die Intensität
der Färbung um so größer ist, je größer die mit farbigen
Sektoren versehene Fläche der Scheibe ist.

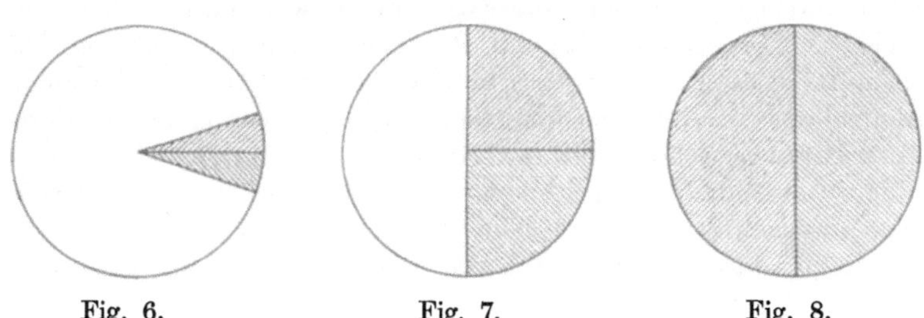

Fig. 6.   Fig. 7.   Fig. 8.

Ebenso wurden auch Versuche mit gelben und blauen Sektoren
ausgeführt. Bei Rotation einer solchen Scheibe zeigte sich eine grüne
Farbe, die um so intensiver war, je größer die Fläche der blauen
und gelben Sektoren war. Dieselbe Erscheinung konnte man be-
obachten bei roten und gelben Sektoren, wo als Mischfarbe orangerot
resultierte. Nunmehr wurden Rotationsversuche mit roten, gelben und
blauen Sektoren vorgenommen. Wurden nebeneinander zuerst drei
kleine Sektoren mit roter, gelber und blauer Farbe aufgetragen (Fig. 9),
so beobachtete man bei der Rotation der Scheibe ein hellgraues Farbenbild. Eine zweite Scheibe wurde derartig mit roten, gelben und blauen
Sektoren versehen, daß diese je ein Sechstel der Kreisfläche einnahmen
und die übrige Halbkreisfläche weiß blieb (Fig. 10). Wurde nun dieselbe
in rasche Rotation versetzt, so erhielt das Bild eine etwas deutlichere hell-

graue Färbung. Wurde vollends die gesamte Scheibenfläche derart mit den drei Farben bedeckt, daß jede einzelne derselben ein Drittel der Kreisfläche einnahm (Fig. 11), so gelang es, eine ausgesprochene, deutlich hellgraue Färbung des Rotationsbildes zu erzielen. Es ist somit auch hier der Grundsatz geltend, daß die Intensität der Färbung mit der Zunahme der Größe der farbigen Sektoren stetig wächst. Die graue Farbe der mit roten, gelben und blauen Farben bedeckten Scheibe erscheint um so dunkler, je größer die Fläche der Sektoren ist.

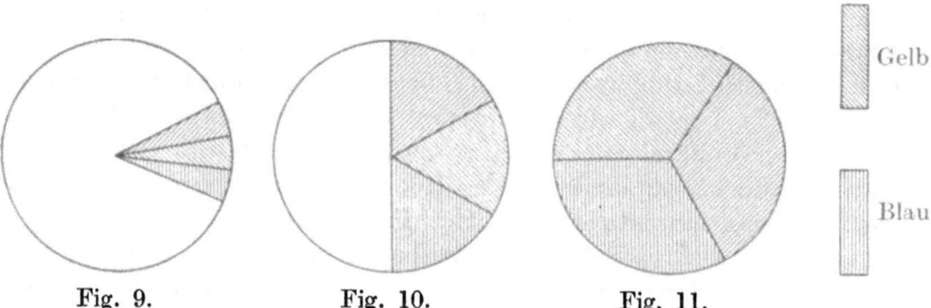

Fig. 9.   Fig. 10.   Fig. 11.

Aus allen diesen Versuchen geht klar hervor, daß die Rotationsbilder verschiedenfarbiger Scheiben keineswegs einen Beweis dafür bilden können, daß sich die Körperfarben bei der Rotation zu weiß vereinigen ließen. Es ist im Gegenteil der Beweis erbracht, daß die hellgraue Färbung des Rotationsbildes nicht als ein schmutziges Weiß anzusehen ist, sondern als eine Mittelfarbe zwischen Weiß und Schwarz. Die Unklarheit des bei der Rotation entstehenden Farbenbildes macht eine deutlichere Feststellung der Farbenmischungsvorgänge im menschlichen Auge nicht gut möglich. Die Tatsache, daß die Intensität der Färbungen bei allen Rotationsbildern um so mehr zunimmt, je größer die mit farbigen Sektoren versehene Fläche der Scheibe ist, deutet unverkennbar darauf hin, daß auch die Intensität der grauen Farbe um so mehr wachsen würde, je größer die farbige Fläche wäre. Es ist nun praktisch nicht möglich, mehr als ein Drittel der Fläche des Farbenkreisels mit je einem roten, gelben und blauen Sektor zu versehen. Die Mischungsfarbe, welche nunmehr bei der Rotation entsteht, kann natürlich unmöglich eine schwarze sein, weil doch nur ein Drittel der Fläche mit jeder der Grundfarben bedeckt ist, während zwei Drittel unbedeckt sind. Das Rotationsbild kann nur eine derartige Färbung besitzen, als wenn die drei Farben rot, gelb und blau auf einem Drittel der Scheibe aufgetragen wären, während zwei Drittel der Scheibe weiß blieben. Von diesem Gedanken geleitet, machte ich Versuche mit Rotationsscheiben, welche mit schwarzen Sektoren bedeckt waren. Es wurden auf einer weißen Scheibe sehr schmale schwarze Sektoren aufgetragen und die Scheibe alsdann in Rotation versetzt (Fig. 12) (Fig. 13). Es zeigte sich hierbei, daß die Scheibe ein sehr hellgraues Aussehen erhielt. Man erhielt eine deutlichere hellgraue Färbung, wenn der aufgetragene schwarze Sektor die Größe von einem Drittel der Kreisfläche erreichte (Fig. 14). Sobald man die Kreisfläche zu zwei Dritteln mit schwarzen Sektoren bedeckte, erhielt man bei der Rotation ein dunkelgraues Farbenbild, welches schließlich ein vollkommen schwarzes Aussehen erhielt, wenn man die ganze Kreisfläche mit schwarzer Farbe überstrich. Diese Rotationsbilder zeigen, daß die Intensität der grauen Farbe sich um so mehr vom reinen Weiß der Farbe Schwarz nähert, je größer die schwarz gefärbte Fläche der Scheibe ist.

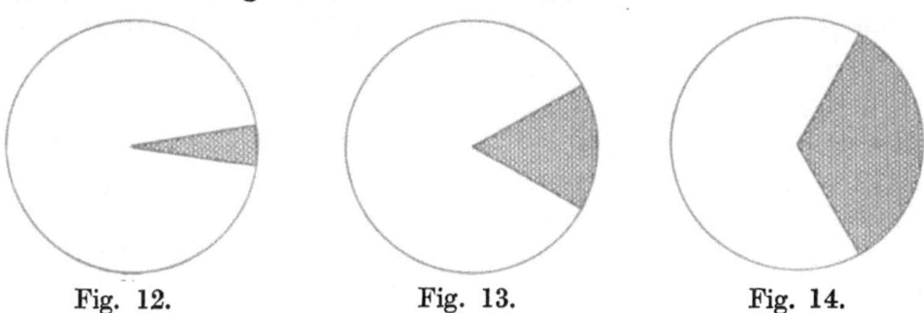

Fig. 12.   Fig. 13.   Fig. 14.

Vergleicht man das Rotationsbild, welches die mit roten, gelben und blauen Sektoren vollkommen erfüllte Scheibe ergibt (Fig. 11), mit jenem, welches die mit einem Drittel eines schwarzen Sektors bedeckte weiße Scheibe liefert (Fig. 14), so nimmt man wahr, daß die graue Farbe der Rotationsbilder sehr ähnlich ist. Es ist kein Zweifel, daß die graue Farbe auch bei der mit roten, gelben und blauen Farben bedeckten Scheibe intensiver wäre, wenn es praktisch gelingen würde, mehr als die ganze Scheibe mit derartigen Sektoren zu bedecken. Da dies jedoch nicht möglich ist, so ist die graue Farbe die notwendige Folge der Beschränkung der vorhandenen Fläche. Als ein Beweis, daß die Körperfarben Rot, Gelb und Blau sich zu Weiß vereinigen ließen, darf der Newtonsche Farbenkreisel keineswegs angesehen werden. Daß derartige Farbenbilder scheinbar der Farbe Weiß ähnlich sehen, ist lediglich darauf zurückzuführen, daß einerseits alle Rotationsbilder im menschlichen Auge sehr unklar und verschwommen erscheinen und daß anderseits es unmöglich ist, mehr als je ein Drittel der Scheibe mit roten, gelben und blauen Sektoren zu bedecken. Es steht somit fest, daß die bisherige Auffassung der additiven Farbenmischung für Lichtfarben und der subtraktiven Farbenmischung für Körperfarben, durch die Ergebnisse des Farbenbildes am Newtonschen Farbenkreisel in keiner Weise tangiert wird.

Für die Farbenmischungslehre, welche im nachfolgenden besprochen wird, kommen lediglich die Körperfarben in Betracht und bildet somit die subtraktive Farbenmischung den Hauptinhalt der folgenden Ausführungen.

Zweites Kapitel.

Das Dreifarbensystem.

Im vorangehenden Kapitel wurden die Körperfarben und Lichtfarben einer eingehenden Untersuchung unterzogen; es gelang hierbei, den grundlegenden Unterschied zwischen diesen beiden Begriffen aufzuklären und es kann nunmehr, ohne daß eine Verwechslung der Begriffe Lichtfarben und Körperfarben befürchtet werden muß, zu einer eingehenderen Untersuchung der Körperfarben geschritten werden.

Es war schon lange vor Newton bekannt, daß gewisse Körperfarben aus der Mischung anderer Körperfarben hergestellt werden können. Wie bereits früher erwähnt, hat Jakob Chr. le Blon bald nach dem Bekanntwerden der Newtonschen Farbenlehre Angaben darüber gemacht, daß man aus Mischungen von roten, orangen, gelben, grünen, blauen und violetten Körperfarben sämtliche bekannten Farbennuancen herstellen könne. Es wurden auch Vorschläge gemacht, an Stelle der großen Menge von Malerfarben einzelne besonders geeignete Farben auszuwählen und sodann mit Hilfe von Mischungen alle anderen Farbentöne herzustellen [1]). Die Angaben des le Blon über die Mischungsfähigkeit der Körperfarben sind später teilweise wieder in Vergessenheit geraten. Erst zu Beginn des 19. Jahrhunderts begannen von neuem Studien, um aus der Menge der bekannten Farben einzelne wenige ausfindig zu machen, mittelst welcher man die anderen Farben durch Mischung herzustellen vermöge. Es stellte sich nun heraus, daß die Kombinationsfähigkeit der dunklen Körperfarben keine besonders große sei. Mischt man z. B. die Lösung eines braunen Anilinfarbstoffes mit der eines dunkelblauen in verschiedenen Mengenverhältnissen und nimmt man dann in diesen Farbenmischungen Färbeversuche vor, so erhält man eine Anzahl dunkler Nuancen, welche vom Blau in ein dunkles Oliv übergehen. Die Variationsfähigkeit ist bei dieser Mischung keine sehr große und man erhält nur eine beschränkte Anzahl von Farbennüancen, welche in ihrer Intensitätswirkung auf das menschliche Auge nicht sehr weit auseinander gehen. Mischt man hellere Nuancen von Körperfarben zusammen, so ergibt diese Farbenmischung bedeutend zahlreichere Farbenvariationen, als mit Hilfe von dunkleren Körperfarben erzielt werden können. Stellt man z. B. mittelst der Lösung eines grünen und der eines roten Anilinfarbstoffes eine größere Anzahl von Farbenmischungen her, so zeigen die Färbeversuche in diesen Mischungen sehr bedeutende Farbenunterschiede. Die Farbe Rot erhält durch die Beimischung der Farbe Grün sofort eine bedeutende Trübung. Setzt

---

[1]) Wouwermann, Farbenlehre.

man der roten Farblösung weitere Mengen der grünen Lösung zu, so
nimmt man bei der Ausfärbung in dieser Farbmischung wahr, daß die
Farbe Rot in die Farbe Bordeaux übergegangen ist. Setzt man noch
weitere Mengen Grün zu, so geht allmählich die Farbe der Mischung in
Schwarz über. Ebenso variationsfähig wie die genannten Farben Rot
und Grün sind auch alle anderen hellen Körperfarben. Mit Hilfe von
Mischungen der Farben Grün und Violett, Gelb und Orange, Rot und
Blau u. dgl. mehr lassen sich unendliche Mengen von Farbennuancen herstellen. Die enorm große Möglichkeit der Farbenbildung mit Hilfe von
Mischungen der Körperfarben rief das Bestreben hervor, sukzessive
jene Farben ausfindig zu machen, welche zur Herstellung von Farbenmischungen am besten geeignet seien. Es ist klar, daß hierbei nur helle
Farbentöne zur Herstellung einer großen Anzahl von Farbenmischungen
in Betracht kommen können. Ursprünglich verwendete man nach den
Angaben von le Blon die sieben Spektralfarben, resp. sieben Körperfarben, welche den Nuancen der Spektralfarben entsprachen. Die
Mischungen, welche mit diesen Farben hergestellt wurden, waren tatsächlich sehr nuancenreich. Es stellte sich aber heraus, daß einzelne
dieser Spektralfarben bei ihrer Mischung Nuancen ergaben, welche in
diesen bereits vorhanden waren. So ergibt sich z. B. aus der Mischung
von Gelb und Blau die Farbe Grün, aus der Mischung von Rot und Gelb
die Farbe Orange, ebenso aus Rot und Blau die Farbe Violett, welche
Farben schon im Spektrum vorhanden waren. Es lag deshalb nahe,
einzelne der im Spektrum vorhandenen Farben zu eliminieren. Die
Farben Orange, Grün, Violett, welche aus Mischungen je zweier Spektralfarben hergestellt waren, konnten nicht mehr als die einfachsten Farben
angesehen werden. Es blieben somit von sämtlichen bekannten Körperfarben drei Spektralfarben übrig, welche tatsächlich imstande waren,
alle uns bekannten Farbennuancen durch Mischungen herzustellen
Es sind dies die Farben Rot, Gelb und Blau, welche daher als die sogenannten drei „Grundfarben" bezeichnet werden.

Die Grundfarben sind als die einfachsten uns bekannten Körperfarben anzusehen und sind die einzigen, welche nicht aus Mischungen
anderer Farben sich herstellen lassen, während die anderen Körperfarben sich aus Mischungen von zwei oder drei Grundfarben ergeben.
Da dieselben eine unendliche Farbenmischungsfähigkeit besitzen, so
kommt ihnen unter allen uns bekannten Körperfarben eine exzeptionelle
Bedeutung zu. Sie bilden den Ausgangspunkt für eine gesetzmäßige
Erkenntnis der koloristischen Zusammensetzung sämtlicher Körperfarben und sind als die Grundlagen des Dreifarbensystems zu betrachten.
Im folgenden werden nunmehr die Farbenmischungsergebnisse bei Anwendung der drei Grundfarben näher besprochen, ohne daß jedoch auf
die Farbensubtraktionsvorgänge, welche im ersten Kapitel bereits eingehend beschrieben wurden, näher eingegangen wird. Die Farben-

mischungen werden lediglich als solche, wie sie sich dem Auge des Beobachters darbieten, besprochen, ohne jede spekulative Betrachtung über die Art und Weise, wie diese Mischungen zustande kommen. Mit der bloßen Registrierung von Tatsachen wird so am besten ein tieferes Verständnis für die Vorgänge bei Farbenmischungen im Dreifarbensystem erzielt werden.

Das Dreifarbensystem ist, wie bereits erwähnt, die Lehre von den drei Grundfarben Rot, Gelb und Blau. Sämtliche bekannten Körperfarben scheiden sich nunmehr in Farben, welche aus keinerlei Mischungen hergestellt werden können, das sind die Farben Rot, Gelb und Blau, und in andere Farben, welche sich aus Mischungen herstellen lassen. Die Zahl der Mischfarben ist, wie bekannt, unendlich groß. Sie umfaßt sämtliche Farben vom Rot zum Gelb, vom Gelb zum Blau, vom Blau zum Rot, vom Violett zum Schwarz, vom Schwarz zum Grün u. s. w. Alle uns bekannten Farben sind aus Mischungen der drei Grundfarben herstellbar. Nach der Art der Farbenmischungen aus Grundfarben unterscheidet man erstens Farbenmischungen, welche aus je zwei Grundfarben entstehen und zweitens solche, die sich aus allen drei Grundfarben ergeben. Die aus zwei Grundfarben hergestellten Farbenmischungen umfassen jene Mischungen, die aus den Farben Rot und Gelb, Gelb und Blau, Blau und Rot sich ergeben. Die aus den drei Grundfarben hergestellten Mischungen enthalten dagegen in sich sämtliche drei Grundfarben Rot, Gelb und Blau. Die Zahl dieser Mischfarben ist eine unendlich mannigfaltige. Jene Mischfarben, die sich aus der Mischung von zwei Grundfarben ergeben, heißen bikolore Farben, während die aus den drei Grundfarben hergestellten Mischfarben trikolore Farben heißen. Es ergeben sich somit drei Farbenklassen, innerhalb welcher sich alle bekannten Körperfarben anordnen lassen, nämlich

1. die monokoloren Farben (Grundfarben),
2. die bikoloren Farben und
3. die trikoloren Farben.

Die Grundfarben sind die reinsten uns bekannten Körperfarben; es sind jene Farben, die nur aus einer Farbenkomponente bestehen. Sie üben auf das menschliche Auge die intensivste Farbenwirkung aus und besitzen eine bedeutend größere Lebhaftigkeit, als sämtliche anderen Körperfarben. Sie sind am empfindlichsten für jede Spur einer anderen Farbe. Sie zeichnen sich vor allen anderen Körperfarben durch ihre Klarheit und Reinheit aus und es gibt keine anderen Farben, welche diese Eigenschaften der spektralen Grundfarben vollkommen besitzen würden. Von jenen Körperfarben, welche der Farbe dieser Grundfarben praktisch am ähnlichsten sehen, kommen lediglich einige basische rote, gelbe und blaue Anilinfarbstoffe in Betracht. Eine wirklich vollkommene Reinheit besitzen jedoch auch diese Farben nicht; trotzdem lassen sich aus Mischungen gut gewählter basischer Grundfarben sehr treffliche Farbenmischungen herstellen.

Die bikoloren Farben lassen sich, wie erwähnt, aus Mischungen zweier Grundfarben herstellen. Da es drei Grundfarben gibt, so entstehen drei bestimmte Gruppen von bikoloren Mischfarben, nämlich jene Mischfarben, welche sich aus den Farben Rot und Gelb, Gelb und Blau und schließlich Blau und Rot ergeben. Jede dieser aus zwei Grundfarben hergestellten Farbmischungen umfaßt eine unendlich große Anzahl von Farbennuancen. Faßt man alle diese Farbentöne einer Serie von Mischungen zweier Grundfarben zusammen, so erhält man Farbenübergänge, welche von einer Grundfarbe ausgehend zu einer zweiten Grundfarbe führen. Bereitet man z. B. eine Lösung eines roten Anilinfarbstoffes (Rhodamin 3 B) und eine Lösung eines gelben Anilinfarbstoffes (Thioflavin T) und macht nunmehr mittelst dieser beiden Lösungen systematische Mischungen so erhält man interessante Aufschlüsse über die Variationsfähigkeit der aus diesen beiden Grundfarben hergestellten Mischfarben. Die Durchführung der Mischungsexperimente erfolgt in der Weise, daß man die Lösungen jeder Grundfarbe (Stammlösungen) in eine Bürette von 50 ccm Inhalt einfüllt und dann bestimmte Quantitäten dieser beiden Farbenflüssigkeiten in eine Porzellanschale einfließen läßt. In der so entstehenden Farbenmischung macht man nunmehr auf gebeiztem Baumwollstoff entsprechende Ausfärbungen. Trocknet man dieselben und reiht sie systematisch aneinander, so erhält man eine komplette Farbenserie, welche die wichtigsten Übergangsnuancen zwischen den Farben Rot und Gelb enthält. Wenn man vom reinen Rot ausgeht und eine Spur einer gelben Farblösung einfließen läßt, so erhält man eine Farbennuance, die eine geringe Abnahme des feurigen Rot-Charakters zeigt. Vermehrt man den gelben Gehalt der roten Farblösung, so tritt bei der entstehenden Farbe diese Abnahme noch deutlicher zum Vorschien. Vermehrt man abermals den Gehalt der Farblösung an Gelb, so nimmt man wahr, daß die entstehende Färbung eine immer weitere Verschiebung des Farbentones von Rot gegen Gelb ergibt. Die entstehenden Mischfarben zeigen nicht mehr den intensiven, feurigen Charakter der roten Farbe, sondern haben ein gedämpfteres rötlich gelbes Aussehen. Bereitet man nun eine Mischung, welche die rote und gelbe Farblösung in gleichen Quantitäten enthält, so zeigt sich bei der darauf folgenden Ausfärbung eine Mischfarbe, welche man weder als Rot, noch als Gelb bezeichnen kann und die als „Orange" bezeichnet wird. Läß tman schließich bei den weiteren Farbenmischungs. versuchen den Gehalt der Farbenlösung an Rot immer mehr abnehmen, während man den Gelbgehalt der Flüssigkeit in größerer Quantität beibehält, so nimmt man wahr, daß die entstehende Mischfarbe ihr charakteristisches rotes Aussehen sukzessive verliert und immer mehr den ruhigen gelben Farbcharakter annimmt. Läßt man schließlich die

Farbe Rot ganz aus der Lösung und läßt in die Porzellanschale nur die Farbe Gelb einfließen, so ergibt die darauf folgende Ausfärbung naturgemäß die Farbe Gelb. Reiht man nun alle bei der Mischung der Farben Rot und Gelb systematisch hergestellten Färbungen aneinander, so erkennt man deutlich eine fortlaufende Serie, welche sämtliche zwischen den Grundfarben Rot und Gelb befindlichen Farben enthält. Die so gefundene bikolore Farbenserie bezeichnen wir als die „Rot-Gelb-Serie".

Wenn man in der gleichen Weise, wie hier beschrieben, mit Hilfe je einer Lösung eines gelben (Thioflarin T) und eines blauen (Methylenblau B B) Anilinfarbstoffes Farbenmischungsversuche anstellt, so ergeben sie ebenfalls wieder einen Zusammenhang, welcher sich in einer Serie von Mischfarben nachweisen läßt. Die Mischung der gelben und blauen Farblösung ergibt eine unendliche Anzahl von Farbentönen, welche vom reinen Gelb ausgehend sich immer mehr der Farbe Grün nähern. Sind die beiden Grundfarben in gleichen Mengen in der Lösung vorhanden, so zeigt sich bei der Ausfärbung die Farbe Grün. Läßt man den Gehalt der Farblösung an Gelb immer mehr abnehmen unter Beibehaltung der überwiegenden Quantität der blauen Farbe, so geht die Farbe Grün sukzessive in die Farbe Blau über. Es führt somit, vom reinen Gelb ausgehend, eine Farbenserie über die Farbe Grün zur Farbe Blau. So ist also eine zweite Farbenserie gefunden, welche wir als die „Gelb-Blau-Serie" bezeichnen.

Ebenso wie sich die Farben Rot und Gelb, ferner die Farben Gelb und Blau in beliebigen Verhältnissen mischen lassen, können auch die zwei Grundfarben Blau und Rot gemischt werden. Gießt man die Lösungen eines roten (Rhodamin 3 B) und eines blauen (Methylenblau B) Anilinfarbstoffes in bestimmten Verhältnissen in eine Porzellanschale und bereitet serienweise Ausfärbungen, so beobachtet man, daß das feurige Rot bei Vorhandensein der blauen Farbe einen anderen Farbenton erhält und sich immer mehr der Farbe Blau nähert, um schließlich bei gleichen Quantitäten der blauen und roten Grundfarbe eine neue Mischfarbe zu ergeben, welche weder als Blau noch als Rot bezeichnet werden kann und der wir die Bezeichnung „Violett'" geben. Läßt man nunmehr die rote Farblösung abnehmen und den Gehalt an blauer Lösung zunehmen, so erhält man Färbungen, welche ein immer blaueres Aussehen erhalten. Verschwindet schließlich der Gehalt der roten Farblösung vollständig, so ergibt die Ausfärbung natürlich die Farbe Blau. So ist ebenfalls wieder eine Farbenserie gefunden, welche vom reinen Rot über Violett zur Farbe Blau führt. Diese neue Farbenserie bezeichnen wir als die „Rot-Blau-Serie".

Es sind somit, wie aus diesen Versuchen mit Lösungen dreier Anilinfarbstoffe hervorgeht, drei bikolore Farbenmischungsserien gefunden; es sind dies:

1. die Rot-Gelb-Serie,
2. die Gelb-Blau-Serie und
3. die Blau-Rot-Serie.

Die erste Serie führt vom Rot über Orange zum Gelb, die zweite vom Gelb über Grün zum Blau, die dritte schließlich vom Blau über Violett zum Rot. Es sind also inner-halb dieser drei Serien die Farbe Rot, Orange, Gelb, Grün, Blau, Violett vor-handen, so daß alle drei Serien zusam-men sämtliche Spektralfarben enthalten. Die Aneinanderreihung der drei Farben-serien in einem gleichseitigen Dreieck ergibt ein deutliches Bild über die Stel-lung der Farben Orange, Grün und Violett zu den drei Grundfarben Rot, Gelb und Blau (siehe Fig. 15).

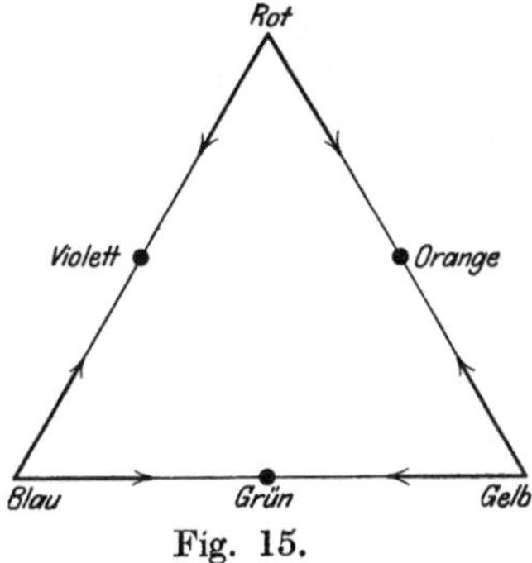

Fig. 15.

Ein derartiges Farbendreieck mit Aneinanderreihung sämtlicher Zwischen-nuancen wurde von mir vor längerer Zeit hergestellt und gibt einen treffenden Einblick in die Beziehungen zwischen den Grundfarben und den bikoloren Mischfarben.

Es sind nunmehr jene Mischfarben zu besprechen, welche sich aus Mischungen sämtlicher drei Grundfarben ergeben. Es ist schon ohne praktische Erfahrung ersichtlich, daß die Zahl dieser sogenannten tri-koloren Farben eine unendlich größere sein muß als die der bikoloren Farben. Jede bikolore Mischfarbe, welche sich bei Aneinanderreihung der drei Farbenserien im Farbendreieck ergibt, bildet wieder den Aus-gangspunkt für neue Mischfarben, welche durch die Einwirkung der dritten Grundfarbe auf die beiden vorhandenen Grundfarben sich er-geben. Somit sind unendliche Möglichkeiten der Farbenbildung gegeben. Die Rot-Gelb-Serie allein enthält schon eine große Anzahl von Farben-abstufungen, welche, wie bereits erwähnt, vom reinen Rot in verschiedenen Zwischennuancen zu Orange führt und von dieser zur gelben Farbe überleitet. Läßt man nun auf diese, aus zwei Grundfarben hergestellten Mischfarben die dritte Grundfarbe (Blau) einwirken, so erhält man so-fort eine große Anzahl von Mischfarben. Legt man z. B. sämtliche Aus-färbungen der Rot-Gelb-Serie in eine verdünnte Lösung des blauen Anilinfarbstoffes, so erzielt man trikolore Mischfarben, welche sehr stark in ihren Nuancen von dem ursprünglichen Charakter der Rot-Gelb-Serie abweichen. Die rote Farbe wurde durch die Einwirkung der blauen Grundfarbe in eine Rotviolett übergeführt, die Orange-Töne erfahren durch die blaue Anilinfarbe eine bedeutende Trübung und erscheinen bräunlich gefärbt, während durch die Mischung der blauen und gelben Farben die Farbe Grün erzielt wurde. Es haben sich somit bei der Ein-

wirkung der dritten Grundfarbe sämtliche bikoloren Mischfarben verändert und es ist eine große Anzahl neuer Farbennuancen entstanden.

Schon aus diesem Beispiel ergibt sich, wie unendlich groß die Möglichkeit der Farbenbildung bei dem Zusammenwirken der drei Grundfarben
Rot, Gelb und Blau ist. Analog werden auch die Farben der Gelb-Blau-
Serie bei der Einwirkung der dritten Grundfarbe (Rot) eine bedeutende
Farbenänderung erfahren. Läßt man auf Farben der genannten Serie
die Farbe Rot einwirken, so wird die Farbe Gelb sofort eine orange-
artige Färbung annehmen, die grünen Nuancen erfahren durch die
rote Farbe sämtlich eine bedeutende Trübung und erhalten ein oliv-
artiges Aussehen. Die Farbe Blau wird durch Einwirkung der roten
Farbe alsbald in ein blaues Violett übergeführt. Läßt man schließlich
auf die Blau-Rot-Serie die dritte Grundfarbe (Gelb) einwirken, so zeigen
sich ebenfalls bei allen Mischfarben dieser Farbenserie sofortige Nuancen-
änderungen. Die blaue Farbe verwandelt sich durch Einwirkung der
gelben Farbenkomponente in Grün, die violettartigen Zwischentöne
dieser Serien werden infolge der gelben Farbe abgetrübt und nehmen
eine bordeauxartiges Aussehen an, die Farbe Rot endlich gewinnt durch
die Einwirkung der Farbe Gelb eine orangeähnliche Färbung. Die unendliche Anzahl der Möglichkeiten der Farbenbildung bei den trikoloren
Farben erhellt schon daraus, daß ja schon die Anzahl der Zwischennuancen bei den bikoloren Farben eine unbeschränkt große ist. Es ist
daher nicht möglich, die Zahl der neuen Mischfarben bei den trikoloren
Farben auch nur annähernd zu beschreiben; infolgedessen sind auch
nur die wichtigsten trikoloren Farben, welche in der Praxis Bedeutung
besitzen, mit Namen belegt worden; so unterscheidet man einige der
bekanntesten trikoloren Farben mit den Namen Drap, Grau, Braun,
Bordeaux, Oliv, Schwarz, Dunkelblau etc. Die trikoloren Farben umfassen das ganze weite Gebiet der Körperfarben. Um nun innerhalb
der enormen Menge von Farbennuancen eine Orientierung zu finden,
suchte ich vor sechs Jahren durch experimentelle Farbenmischungen,
Farbenserien zu finden, welche bestimmte Gruppen von trikoloren
Farben genau präzisieren[1]).

Von einer Grundfarbe ausgehend versuchte ich durch Einwirkung
einer bikoloren Farbe, welche sich aus den beiden anderen Farben zusammensetzt, neue Farbenmischungen zu erhalten. Mischt man zu
100 ccm einer sattroten Anilinfarblösung je 5 ccm einer gelben und einer
blauen Farblösung, so bemerkt man nach Vornahme von Färbeversuchen,
daß die rote Farbe durch die Beimischungen von Gelb und Blau bedeutend an Klarheit verliert und eine abgetrübte Nuance besitzt. Mengt
man dieser Mischung weitere je 5 ccm der blauen und gelben Farblösung

---

[1]) Mayer, Das Dreifarbensystem. Zeitschrift für Farben- und Textilindustrie 1905.

bei und macht sodann Färbeversuche, so nimmt man ein weiteres Abdunkeln der roten Farbe wahr. Setzt man diese Beimischungen fort,
so nimmt die rote Farbe sukzessive ein völlig verändertes Aussehen an;
der grelle, intensive Farbenton hat sich gänzlich verloren und an dessen
Stelle ist eine dunkle, tiefe Färbung getreten. Die so erhaltene Mischfarbe bezeichnet man als Bordeaux. Setzt man die Zusätze an gelber und
blauer Farblösung in dieser bordeauxroten Farbmischung fort und macht
man weitere Ausfärbungen, so zeigt es sich, daß die bordeauxrote Farbe
immer mehr abdunkelt und sich stets deutlicher der schwarzen Farbe
nähert. Die Nuance der Farbe Schwarz wird gänzlich erreicht, sobald
durch weitere Zusätze an gelber und blauer Farblösung je 100 ccm der
roten, gelben und blauen Farbe in der Mischung vorhanden sind. Es
ist somit durch die Zunahme des Gehaltes an gelber und blauer Lösung
die ursprüngliche Grundfarbe Rot sukzessive über Bordeaux in die Farbe
Schwarz verwandelt worden. Die Verschiebung der Nuance vom satten
Rot zu der Farbe Schwarz erfolgte stufenweise und das Abdunkeln der
Farbennuance nahm immer mehr zu, je mehr sich die Mischung der
drei Grundfarben der Gleichheit näherte. Macht man nun neue Farbenmischungen, welche je 100 ccm der gelben und blauen Farblösung und
95 ccm der roten Farbe enthalten, d. h. läßt man die Größe der roten
Farbenkomponente innerhalb der Mischung abnehmen, so erfährt alsbald die Farbe Schwarz eine Veränderung ihrer Nuance. Nimmt der
Gehalt der roten Farblösung mehr und mehr ab, so bemerkt man immer
deutlichere Abstufungen und es entstehen Färbungen, welche nicht
mehr als Schwarz bezeichnet werden können, sondern welche ein dunkel-
grünes Aussehen besitzen und für die man die allgemeine Bezeichnung
„Oliv" anwendet. Die Farbe Oliv geht schließlich in Grün über, sobald
man den Gehalt der roten Farblösung mehr und mehr abnehmen läßt
und das Verhältnis der gelben und blauen Lösung beibehält, was schon
bei den ersten Ausfärbungen mit einem immer mehr zutage tretenden
Hellerwerden der Farbennuance verbunden ist. Läßt man endlich die
Farbe Rot vollkommen fort und bereitet man nur eine Mischung der
Farben Gelb und Blau, so erhält man eine klare grüne Färbung. Somit
ergibt sich, daß mit Abnahme der roten Farbenkomponente die Farbe
sukzessive in Oliv übergeführt wird und schließlich bei weiterem Abnehmen in ein klares Grün übergeht. Es ist also vom reinen Rot ausgehend durch die Einwirkung der gelben und blauen Farbe eine Serie
entstanden, welche über Bordeaux zu der Farbe Schwarz führt und
weiter von Schwarz über Oliv zu der bikoloren Mischfarbe Grün überleitet. Wir bezeichnen diese auf experimentellem Wege erhaltene Serie
als die „Rot-Schwarz-Grün-Serie".

Es ist nunmehr anzunehmen, daß sich auf analoge Weise von der
gelben Grundfarbe ausgehend durch die Einwirkung der beiden anderen
Grundfarben Rot und Blau eine neue Farbenserie herstellen lasse. Läßt

man zu einer gelben Farblösung von 100 ccm je 5 ccm der blauen und roten Lösung zufließen und stellt man in dieser Farbenmischung Färbeversuche an, so beobachtet man eine bedeutende Trübung der gelben Farbennuance, und die entstehende Mischung nimmt ein schmutziges gelbgrünes Aussehen an. Macht man zu dieser Farbenmischung weitere Zusätze an blauer und roter Anilinfarblösung, so bemerkt man eine immer weitere Verschiebung der Farbennuance vom reinen Gelb gegen Olivgrün. Die entstehenden Färbungen zeigen sämtlich ein sehr trübes, grünlichgraues Aussehen und sind als olive Farbentöne zu bezeichnen. Setzt man die Zusätze an roter und blauer Farblösung solange fort, bis der Gehalt der Mischung an allen drei Grundfarben sich mehr und mehr der Gleichheit nähert, so beobachtet man, daß die Ausfärbungen stetig tiefer abgedunkelt werden; schließlich wird die Farbe Schwarz erzielt werden, wenn obige Gleichheit gänzlich erreicht ist. Die Aneinanderreihung der stufenweise durchgeführten Färbeversuche zeigt eine Serie von Färbungen, welche von der gelben Grundfarbe ausgehend, über Oliv schließlich zur Farbe Schwarz führt. Bereitet man nunmehr eine Farbenmischung, welche auf je 100 ccm der roten und blauen Farblösung 95 ccm der gelben Anilinfarbe enthält, läßt man also den Gehalt der gelben Farbkomponente abnehmen, so geht, wie vorgenommene Färbeversuche ergeben, die Farbe Schwarz in eine hellere Farbe über und wird bei weiterer Abnahme der Mischung an gelber Farblösung schließlich in ein violettes Purpur übergeführt. Läßt man stetig den Gehalt an gelber Farbe bei Beibehaltung der Mengen der roten und blauen Anilinlösung abnehmen, so läßt sich eine weitere Verschiebung der Nuance vom violetten Purpur gegen ein immer klareres Violett wahrnehmen. Die schwarze Farbe ist somit bei Abnahme des Gelbgehaltes über Purpur schließlich in die Farbe Violett umgewandelt worden und wird endlich ein klares Violett ergeben, sobald aus der Mischung die gelbe Farbe vollständig verschwunden ist. Wir haben somit, von der Farbe Gelb ausgehend, durch die Einwirkung der roten und blauen Grundfarbe eine neue trikolore Farbenserie erhalten, welche von Gelb über Oliv zur Farbe Schwarz und mit der Abnahme der gelben Farbenkomponente von Schwarz über Purpur zu der Farbe Violett führt. Wir bezeichnen demgemäß diese zweite Farbenserie als die „Gelb-Schwarz-Violett-Serie".

Läßt man nun in 100 ccm einer blauen Grundfarbe je 5 ccm einer gelben und einer roten Farblösung einfließen, so beobachtet man an vorgenommenen Färbeversuchen ein bedeutendes Abtrüben der blauen Farbennuance. Setzt man die Zusätze an gelber und roter Anilinfarblösung stetig fort und macht man weitere Färbeversuche, so erhält man eine Serie von trikoloren Mischfarben, welche vom reinen Blau ausgehend immer dunklere blaue Farbennuancen ergeben. Sind schließlich durch fortgesetzte Zusätze die Mengenverhältnisse der roten, gelben und blauen Grundfarbe gleich groß geworden, so bemerkt man nach einem allmählich fortschreitenden Abdunkeln einen vollkommenen Übergang zur Farbe Schwarz. Bereitet man analog wie in den früheren Versuchen nunmehr eine Farbenmischung von je 100 ccm der roten und der gelben Grundfarbe und 95 ccm an blauer Farblösung, läßt man also unter Beibehaltung der Mengen an roter und gelber Anilinfarblösung den Gehalt der blauen Farbenkomponente abnehmen, so erhält man eine trikolore Mischfarbe, die in ihrer Nuance bedeutend von Schwarz abweicht. Bei stetig fortschreitender Abnahme des Blaugehaltes zeigt sich eine Farbennuance, die als Braun bezeichnet werden kann. Nimmt der Gehalt an blauer Anilinfarblösung immer mehr ab und macht man stufenweise Färbeversuche, so wird die Farbe Braun immer heller und geht schließlich in ein klares Orange über, sobald die blaue Farbkomponente gänzlich aus der Mischung der roten und gelben Grundfarben verschwunden ist. Es ist somit durch die Einwirkung der Farben Rot und Gelb auf die blaue Grundfarbe eine neue Farbenserie entstanden, welche vom reinen Blau ausgehend über Dunkelblau zur Farbe Schwarz führt und von der schwarzen Farbe über Braun weiter zur Farbe Orange überleitet. Wir bezeichnen diese Serie als die „Blau-Schwarz-Orange-Serie". Wir haben somit erhalten:

    1. die Rot-Schwarz-Grün-Serie,

    2. die Gelb-Schwarz-Violett-Serie,

    3. die Blau-Schwarz-Orange-Serie.

Wie hieraus zu ersehen, führen sämtliche drei Serien von einer Grundfarbe ausgehend, zu der gegenüberliegenden bikoloren Mischfarbe. Zeichnet man diese Farbenserien in dem früher (Fig. 15) dargestellten Farbendreieck ein, so erhält man ein neues Farbendreieck (Fig. 16), welches sämtliche sechs Farbenserien des Dreifarbensystems schematisch dargestellt enthält.

Die drei trikoloren Farbenserien, welche so nachgewiesen wurden, bilden feste Grenzlinien, die eine Anordnung sämtlicher möglichen Mischfarben gestatten. Denkt man sich das Farbendreieck unendlich vergrößert und den Flächeninhalt desselben mit Farben

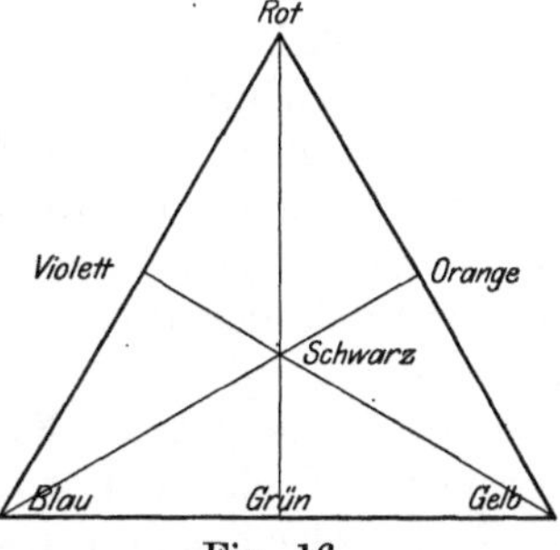

Fig. 16.

erfüllt, so wird man, ausgehend von den drei bikoloren Farbenserien, gegen den Höhendurchschnittspunkt des Dreiecks eine unendliche Anzahl von Linien ziehen können, welche sämtlich bestimmten Farbenmischungen entsprechen. Es ergeben sich so unendlich viele Farbenserien, welche alle Zwischennuancen von den bikoloren Farben bis zu der Farbe Schwarz umfassen. Die koloristische Lage einer jeden trikoloren Farbe wird durch die Begrenzung innerhalb der drei trikoloren

Hauptserien sich klar erkennen lassen. Jeder Punkt des Farbendreiecks ist als von einer bestimmten, genau definierbaren Farbe erfüllt zu betrachten und man wird so schließlich zu einer klaren Übersicht über das gesamte, unendlich große Gebiet der Körperfarben gelangen können.

Wenn auf eine Grundfarbe die beiden anderen Grundfarben einwirken, so tritt immer und unter allen Umständen eine Abdunklung der Nuance ein. Die trikoloren Mischfarben, welche aus den Mischungen der drei Grundfarben hervorgehen, haben deshalb gegenseitig eine bedeutend größere Ähnlichkeit als die ursprünglichen drei Grundfarben (siehe Tafel 1). Jede trikolore Farbe nähert sich in mehr oder minder bedeutenden Maße der Farbe Schwarz und hat also ein schwärzliches, dunkles Aussehen, während die Grundfarben eine frische, leuchtende Färbung besitzen. Die Ähnlichkeit der dunkleren trikoloren Farben untereinander beruht lediglich auf der Annäherung dieser Farben zu der Farbe Schwarz. Die Farben Bordeaux, Braun, Oliv und Dunkelblau sehen zwar einander nicht vollkommen ähnlich, sie besitzen aber eine bedeutend größere Farbenähnlichkeit als die Farben Rot, Orange, Gelb, Grün, Blau und Violett. Diese Farbenähnlichkeit ist, wie aus Tafel 1 ersichtlich, darauf zurückzuführen, daß die trikoloren Farben in ihrer Zusammensetzung der Farbe Schwarz weit näher stehen als die Grundfarben.

Daß mit Hilfe der Grundfarben sich tatsächlich sämtliche Farbennuancen herstellen lassen, ist nachgewiesen und praktisch erprobt. Ich selbst hatte Gelegenheit, diese Farbenmischungen mehrere Jahre hindurch in sehr großer Anzahl herzustellen. Auf der Anwendung der Zusammenwirkung der drei Grundfarben Rot, Gelb und Blau beruht eine sehr wichtige praktische Illustrationsmethode, nämlich der Dreifarbendruck.

Stellt man auf heliographischem Wege drei Druckplatten eines Bildes her, von welchen die eine Platte alle gelben Farbenanteile des Bildes enthält, die zweite Platte sämtliche roten und die dritte Platte sämtliche blauen Farbenanteile, so ist man dann imstande, durch Übereinanderdruck der drei Platten ein farbiges Bild in den natürlichen Farben des Originals herzustellen. Als Grundfarben werden im Dreifarbendruck vielfach die Farben Chromgelb, Alizarinrot und Miloriblau verwendet, doch sind häufig auch Anilinfarbstoffe in Anwendung. Die Reihenfolge des Druckes erfolgt gewöhnlich in der Weise, daß zuerst die gelbe Platte (Tafel 2, No. 1) aufgetragen wird, sodann auf dem gelben Farbenbild die rote Platte (Tafel 2, No. 2). Es entsteht hierdurch ein Farbenbild, welches sämtliche roten und gelben Farbenanteile enthält und als Farben erscheinen alle Mischfarben von Rot und Gelb (Tafel 2, No. 3) Wird nun auf diesem, aus gelben, orangen und roten Farben bestehenden Bilde, die blaue Druckplatte (Tafel 2, No 4) aufgedruckt, so erfolgt nunmehr die Umwandlung aller Farbentöne zu den im Original enthaltenen trikoloren Farbennuancen, und es entsteht ein

farbenprächtiges Bild in sämtlichen natürlichen Farben des Originals
(Tafel 2, No. 5). Die große praktische Bedeutung dieser Reproduktions-
methode besteht darin, daß man mit nur drei Druckplatten Bilder herstellen kann, welche aus Tausenden von Zwischennuancen bestehen.
Auf die praktischen Details des Dreifarbendruckes soll hier nicht genauer
eingegangen werden. Die Herstellung der Bilder selbst, die Beschreibung
der Raster und die technische Durcharbeitung des Verfahrens wird an
dieser Stelle nicht näher besprochen, da es sich hier nur darum handelte,
zu zeigen, welche praktischen, äußerst wertvollen Konsequenzen die
Reproduktionskunst aus den Lehren des Dreifarbensystems gezogen
hat. Die Erfindung des Dreifarbendruckes reicht, wie bereits erwähnt,
in das 18. Jahrhundert zurück. Auch die Farbenphotographie beruht
in ihren Grundlagen auf den Lehren des Dreifarbensystems.

Als die derzeit wertvollste Methode der Farbenphotographie, ist
das sog. „Autochrom-Verfahren" der Brüder Lumiére in Lyon beachtens-
wert. Dasselbe beruht im wesentlichen darauf, daß man feingeschlemmte
Stärke mit geeigneten roten, violetten und grünen Farbstoffen färbt und
sodann die so gefärbten Stärkekörnchen, in außerordentlich feiner
Verteilung, in bestimmter Schichtung auf eine entsprechende photo-
graphische Platte aufträgt. Es sind nun pro Quadratmillimeter eine
große Anzahl roter, violetter und grüner Stärkepünktchen auf der photo-
graphischen Platte vorhanden. Wird diese sog. „Autochromplatte" der
Einwirkung des Lichtes ausgesetzt, so werden die roten, violetten und
grünen Punkte je nach der Einwirkung der Farbe mehr oder minder
intensiv vom Lichte verändert. Wird nun die Platte nach genau gegebener Vorschrift entwickelt, so entsteht ein prächtiges Bild in den
natürlichen Farben des Originales. Dieses farbenphotographische Verfahren hat zu großartigen Resultaten geführt und gilt allgemein als
eine der praktisch wertvollsten Erfindungen der neuesten Zeit.

Auf die sonstige praktische Bedeutung des Dreifarbensystems ist
noch Gelegenheit, an anderer Stelle zurückzukommen.

Drittes Kapitel.

Satte und verdünnte Farben.

Im vorangehenden Kapitel ist es möglich gewesen, mit Hilfe des
Dreifarbensystems einen Einblick in die Vorgänge bei der Mischung von
Körperfarben zu gewinnen. Es wurde nachgewiesen, daß durch Mischung
der Grundfarben Rot, Gelb und Blau sämtliche uns bekannten Körperfarben hergestellt werden können. Es hat sich ferner gezeigt, daß sich
aus den drei Grundfarben Farbenserien ableiten lassen, mittelst welcher
man imstande ist, das ganze Gebiet der Körperfarben in feste Grenzlinien einzuteilen. Es ist ferner gelungen, bestimmte Farbengruppen

koloristisch zu definieren und ihre Stellung im Dreifarbensystem genau nachzuweisen. Durch diese Untersuchungen ist nunmehr ein allgemeiner Rahmen geschaffen worden, mittelst welchen alle Körperfarben nach bestimmten Gruppen eingeteilt werden können. Um jedoch zu einem tieferen Verständnis der Körperfarben zu gelangen, ist es noch notwendig, genauere Untersuchungen über die Konzentrationsverhältnisse derselben anzustellen. Bevor wir in das Studium der Farbenkonzentration resp. in die Untersuchung der satten und verdünnten Farben näher eingehen, müssen wir noch einige allgemeine Begriffe über das Zustandekommen der Farbenwirkungen im menschlichen Auge näher besprechen. Schon durch ältere Untersuchungen ist es nachgewiesen worden, daß die Farbeneindrücke, welche beim Anblick einer Farbe im Gehirn des Beobachters entstehen, auf verschiedene Ursachen zurückzuführen sind. Wie schon im ersten Kapitel ausführlich klargelegt wurde, beruht die Farbenwirkung einer jeden Körperfarbe auf der Eigenschaft derselben, von den Lichtstrahlen der Beleuchtungsquelle einzelne Farben zu reflektieren und andere zu absorbieren. Es ist also eine physikalische Funktion notwendig, um Farbeneindrücke im Auge des Beobachters hervorzurufen. Diese physikalische Funktion der Farbenwirkung von Körperfarben setzt sich zusammen aus der Beleuchtung mittelst einer Lichtquelle und dem Farbenreflexions- und Absorptionsprozeß der Körperfarben selbst. Es sind also objektive Tatsachen gegeben, welche auf das Auge eine Reaktion ausüben. Die objektiven Ursachen dieser Farbenwirkung bilden jedoch nur einen Teil jener Gesamtwirkung als deren Resultat, die Farbe erscheint; als einen zweiten und außerordentlich wichtigen Teil des Vorganges, aus welchem sich die Farbenwirkung im Gehirn zusammensetzt, ist das subjektive Farbenempfindungsvermögen des menschlichen Auges anzusehen. Bekanntlich hängt die richtige Beurteilung von Farben lediglich vom Auge des Beobachters ab. Um überhaupt zu einer Erkenntnis von Farben zu gelangen, ist ein gesundes, normales Auge die erste Voraussetzung. Es kann dann erst eine Reaktion der objektiven Farbenerscheinungen auf das Gehirn des menschlichen Beobachters erfolgen, wenn das Sehorgan imstande ist, die objektiven Farbenvorgänge richtig zu erfassen. Ist beispielsweise das Auge geschlossen, so gehen sämtliche vor uns eventuell stattfindenden Farbenvorgänge für uns verloren. Die Tatsache, daß ohne subjektive Erkenntnis Farbenvorstellungen überhaupt nicht möglich wären, ist sehr lange schon bekannt. Bereits im Jahre 1807 hat Thomas Young die sogenannte Empfindungstheorie aufgestellt, welche alle Farbenempfindungen auf die Erregung einzelner Nerven im Auge zurückführt. Nach Young sind im Auge drei verschiedene Nervenarten vorhanden, welche rote, grüne und violette Farbentöne im Gehirn zu erregen imstande sind. Aus der Addition dieser Farbentöne ergibt sich nach diesem das Farbenempfindungsvermögen des Beobachters.

Aus dem Vorausgehenden erhellt, daß zwischen den objektiven Farbenvorgängen und deren Wahrnehmung im menschlichen Auge Wechselbeziehungen bestehen müssen. Der im Gehirn entstehende Farbeneindruck kann nicht die absolute Richtigkeit eines mathematischen Axioms für sich in Anspruch nehmen. Möglicherweise können im Gehirn Farbeneindrücke hervorgerufen werden, welche von den objektiv gegebenen Ursachen oft stark verschieden sind; so kommt es manchmal vor, daß das Auge ganz andere Farbeneindrücke empfängt, als solche dem objektiven Farbenvorgang entsprechen. Es sind dies allgemein bekannte Störungen des Farbenempfindungsvermögens, welche häufig wahrnehmbar sind. Von John Dalton wurde im Jahre 1794 die Farbenblindheit oder Achromatopsie entdeckt, welche darin besteht, daß manche Menschen die Farben rot und grün verwechseln; andere Farbenverwechslungen kommen auch manchmal, jedoch weit weniger häufig vor. In diesem Falle nimmt das Auge des Beobachters Farben wahr, welche entweder gar nicht oder in ganz anderer Weise vorhanden sind.

Es sind auch Störungen bekannt, durch welche im Auge Farbenempfindungen hervorgerufen werden, welche manchmal keinerlei objektive Begründung besitzen. Schlägt man z. B. mit der flachen Hand mehrere Male über die Augen, so werden durch diesen Schlag rote und grüne, manchmal auch gelbe Farbenerscheinungen im Gehirn hervorgerufen. Auch heftige Gemütserregungen pflegen oft die Ursache solcher Farbenempfindungen zu sein. Dieselben bezeichnet man als „Farbensehen, Chromopsie und Chromatopsie". Es sind dies Fälle, welche als Abweichungen der subjektiven Farbenempfindung von den tatsächlich gegebenen objektiven Ursachen anzusehen sind. Es gibt auch gewisse Farbeneindrücke, welche weit heftiger und intensiver sind, als es die objektiv vorhandenen Farbenerscheinungen begründet erscheinen ließen. Derartige Empfindungsstörungen finden namentlich im tierischen Auge häufig statt. Es ist bekannt, daß bespielsweise der Stier beim Anblick der roten Farbe in Wut gerät; verschiedene Katzenarten, z. B. Löwe und Tiger, können die Farbe der Flamme nicht ertragen und geraten beim Anblick des Feuers in furchtbare Aufregung. Es ist wahrscheinlich, daß der Farbeneindruck im Gehirn dieser Tiere sich verknüpft mit gewissen aufregenden und schmerzenden Empfindungsvorstellungen, wie beispielsweise der Hitze u. s. w.

Wie aus all dem Gesagten hervorgeht, ist die Farbenwirkung im Auge eines jeden Beobachters aus zwei voneinander unabhängigen Vorgängen zusammengesetzt. Die erste voraussetzende Ursache einer Farbenwirkung ist in der Regel eine objektive Farbenerscheinung. Es müssen immer eine Körperfarbe und eine Lichtquelle vorhanden sein, um objektive Farbenwirkungen hervorrufen zu können. Die zweite Voraussetzung ist ein gesundes, normal empfindendes Auge. Jede Störung des normalen subjektiven Farbenempfindens ist gleichbedeutend mit einer Entstellung der tatsächlich gegebenen Farbenvorgänge. Die Abhängigkeit der Farbenempfindung im Gehirn von der Funktion der Sehorgane bringt es mit sich, daß für das Farbenempfindungsvermögen des Menschen bestimmte äußere Grenzen gezogen sind; die Farbenerkenntnis eines jeden Menschen reicht nur soweit, als das Empfindungsvermögen der Augen es gestattet. Um zu einer Erkenntnis der Farbenkonzentrationen zu gelangen, war es notwendig, diese in dem subjektiven Farbenempfindungsvermögen des Auges begründete Beschränkung zu erörtern.· Es kann also kein Zweifel bestehen, daß die subjektiven Farbeneindrücke keineswegs immer vollkommen den objektiven Farbenvorgängen entsprechen. Für den Beobachter muß aber die subjektive Farbenerkenntnis genügen, und alle Betrachtungen über die Farben müssen sich deshalb im Rahmen dieser Farbenerkenntnis bewegen.

Die objektiven Farbenvorgänge können für uns nur insoweit als vorhanden gelten, als sie uns subjektiv erkennbar erscheinen. Im ersten Kapitel ist ausführlich der Unterschied zwischen Lichtfarben und Körperfarben erörtert worden, es ist deshalb eine nochmalige Definition dieser Begriffe nicht mehr notwendig. Wir wissen, daß der lichterfüllte Raum wohl sämtliche Lichtfarben, jedoch keine Körperfarben in sich enthält. Wenn wir sagen, die Luft sei „farblos", so kann dieser Ausdruck nur insofern Geltung besitzen, als wir damit meinen, der lufterfüllte Raum enthalte keinerlei Körperfarben in sich. Es wäre aber unrichtig, den Ausdruck „farblos" auch auf die Lichtfarben anzuwenden. Da der lufterfüllte Raum im hellen Tageslicht sämtliche Spektralfarben des Sonnenlichtes in sich enthält, so kann sich die Farblosigkeit des Raumes oder der Materie nur auf das Nichtvorhandensein von Körperfarben erstrecken. Wenn wir also sagen, das Wasser sei farblos, so wollen wir damit ausdrücken, daß es keine Körperfarben in sich enthalte, während es aber im hellen Tageslicht betrachtet, sämtliche Lichtfarben enthält. Ebenso verhält es sich bei Bergkristall und anderen als farblos bezeichneten Mineralien. Als farblos im absoluten Sinne des Wortes würde nur der vollkommen dunkle Raum (Camera obscura) erscheinen, in dem weder Lichtfarben noch Körperfarben vorhanden sind. Von dieser Klarstellung des Begriffes „farblos" ausgehend, ist nunmehr die Farbe „Weiß" näher zu untersuchen. Auch für die weiße Farbe gelten die gleichen Begriffsverschiedenheiten der Licht- und Körperfarben, wie für den sogenannten farblosen Raum. Betrachtet man ein weißes Papier im hellen Tageslicht, so ist es von sämtlichen Lichtfarben erfüllt. Doch enthält die Farbe Weiß, wie noch nachgewiesen werden wird, keinerlei Körperfarben in sich, so daß dieselbe als farblos in bezug auf letztere Farben bezeichnet werden kann. Die Ähnlichkeit des Beleuchtungszustandes zwischen der Farbe Weiß und sogenannten farblosen Materien, wie z. B. Glas, Kristall u. s. w. läßt sich auf experimentellem Wege nachweisen. Man ist einerseits imstande, farblose Materie durch einfache physikalische Mittel in weiße Materie umzuwandeln und andererseits weiße in farblose Materie zu verwandeln. Wenn man z. B. eine kleine Scheibe aus Spiegelglas in eine Porzellanreibschale legt und zu einem feinen Pulver zerstößt, so erhält man einen weißen Glasstaub; bringt man dieses Glaspulver alsdann in einer Gebläseflamme zum Schmelzen, so erhält man nach dem Erstarren wieder eine farblose Glasmasse. Wenn man weißes Boraxpulver in einer Gasflamme zum Schmelzen bringt, so zeigt sich nach dem Erstarren eine farblose Schmelze. Zerreibt man diese farblose Kugel wieder in eine Reibschale, so erhält man abermals weißes Boraxpulver. Auch farblose Kristalle werden durch Zerschlagen in weißes Pulver verwandelt und können durch Kristallisation wieder in farblose Kristalle umgewandelt werden, wie z. B. Alaun, ebenso die verschiedensten anderen farblosen Salze. Auch der weiße Schnee verwandelt sich in farbloses Wasser. Aus all diesen Beobachtungen ergibt sich, daß zwischen der Farbe Weiß und dem Zustand der Farblosigkeit ein inniger Zusammenhang besteht. Es kann nicht bezweifelt werden, daß die sogenannte Farbe Weiß ebenso wie der farblose Raum keinerlei Körperfarben in sich enthält. Bekanntlich nimmt auch im Bleichprozeß durch die Zerstörung der Körperfarben jedes Spinnmaterial die Farbe Weiß an. Es tritt also auch hier mit der Zerstörung der Körperfarben der Zustand der Farblosigkeit, das ist die sogenannte ,,Farbe" Weiß ein. Bestreicht man weißes Seidenpapier mit reinem Öl, so wird es ebenfalls ,,farblos" gemacht (,,Fettfleck"). Alle weißen Flächen erscheinen, wenn sie lichtdurchlässig gemacht werden, farblos.

Der Nachweis, daß die Farbe Weiß von keinerlei Körperfarben, hingegen von sämtlichen Lichtfarben erfüllt sei, ergibt sich als logische Konsequenz der Trennung der beiden Begriffe Lichtfarben und Körperfarben von selbst. Die Erkenntnis, daß im reinen Weiß keinerlei Körperfarben enthalten sind, ist für das Verständnis der Farbenkonzentration von größter Wichtigkeit. Die Farbe Weiß stellt also in bezug auf die Körperfarben den Zustand vollkommenster Farblosigkeit dar. Durch diese Farbenleerheit unterscheidet sie sich von allen anderen Körperfarben; sie nimmt im Dreifarbensystem eine Sonderstellung ein und es kann von ihr als Farbe nicht im Sinne einer anderen Körperfarbe gesprochen werden. Bestreicht man ein rein weißes Papier nebeneinander mit verdünnten Lösungen von roten, gelben und blauen Anilinfarbstoffen, so nimmt das Papier helle Färbungen an und man beobachtet an den Stellen, wo die roten, gelben und blauen Farben aufgetragen wurden, Färbungen von rosa bezw. creme und lichtblauem Aussehen. Man nimmt wahr, daß durch den Farbenaufstrich die Nuancen der einzelnen Farben keinerlei Änderung erfahren haben. Es ist also keineswegs eine Farbenmischung erfolgt und es ist somit festgestellt, daß Weiß, welches keine Körperfarben in sich enthält, alle anderen Körperfarben aufnimmt, ohne eine Farbenmischung hervorzurufen. Man beobachtet, daß im reinen Weiß die geringsten Spuren von Körperfarben deutlich wahrnehmbar sind. Die sogenannte Farbenempfindlichkeit, d. h. die Aufnahmsfähigkeit einer Fläche für Körperfarben ist im reinen Weiß für alle Farben am größten.

Die Tatsache, daß im Weiß keine Farbe eine Farbenmischung erfährt, sondern so zur Geltung kommt, wie sie aufgetragen wurde, ist von größter Wichtigkeit. Trägt man auf weißem Papier grüne, violette, braune oder sonstige Lösungen von Anilinfarbstoffen auf und trocknet sodann, so behalten die Farben ihre ursprünglichen Nuancen bei, ohne auch nur die geringste Farbenmischung zu erfahren. Die Tatsache, daß hierbei keinerlei Farbenmischung zu bemerken ist, kann als weiterer Beweis dafür angesehen werden, daß im reinen Weiß keine Körperfarben vorhanden sind, worauf auch die Erscheinung logischerweise hinweist, daß in demselben schon die geringsten Spuren fremder Körperfarben nachweisbar sind. Die charakteristische Eigenschaft der Farbe Weiß besteht somit in dem Zustand vollkommener Leerheit für sämtliche Körperfarben.

Streicht man auf weißes Papier die verdünnte Lösung eines roten Anilinfarbstoffes, so erhält man nach dem Trocknen eine hellrosa Färbung (siehe Tafel 3, Figur 2). Trägt man auf diesem Anstrich dieselbe Lösung neuerlich auf, so gewinnt die Färbung ein hellrotes Aussehen. Setzt man diese Versuche noch weiter fort, so zeigt sich beim nächstfolgenden Anstrich eine intensiv rote Farbe, deren Nuance sich jedoch auch bei mehrmaligem Aufstrich der genannten Lösung in keinerlei Weise mehr ändert und keine weitere Intensitätssteigerung mehr erfährt. Versuche mit anderen roten Farbstoffen ergeben in gleicher Weise das Resultat, daß bei der Erreichung einer bestimmten Sättigungsgrenze sich die Farbenintensität nicht weiter steigern läßt. In ganz analoger Weise zeigt sich auch bei Anwendung einer verdünnten Lösung eines gelben Anilinfarbstoffes beim erstmaligen Auftragen der Farbe auf weißes Papier eine hellgelbe Färbung, die bei weiteren Anstrichen mit derselben Lösung ein intensiv gelbes und schließlich ein sattgelbes Aussehen annimmt, ohne daß sich alsdann bei weiteren Aufstrichen noch eine weitere Intensitätssteigerung erzielen ließe. In gleicher Weise erhält man analoge Resultate, wenn man eine verdünnte Lösung eines blauen Anilinfarbstoffes auf weißes Papier mehrere Male aufeinander aufträgt (siehe Tafel 3, Figur 2). Man gewinnt hier sukzessive Färbungen von lichtblauem, intensiv blauem und schließlich satt blauem Aussehen; man beobachtet auch hier eine Sättigungsgrenze, über welche hinaus keine Steigerung der Intensität mehr erreicht werden kann. Wir bezeichnen diese Sättigungsgrenze bei den drei Grundfarben als Monosaturation.

Die theoretische Erklärung der Monosaturation ergibt sich aus den im Anfange dieses Kapitels gegebenen Erläuterungen über das subjektive und objektive Farbenempfinden. Es ist kein Zweifel, daß die Monosaturation lediglich darauf zurückzuführen ist, daß das Farbenempfindungsvermögen des menschlichen Auges ein begrenztes ist und über gewisse Farbenintensitätszustände nicht hinausreicht. Es wurden von mir Beleuchtungsversuche zur näheren Erklärung dieser Beobachtungen über die Saturation angestellt. Erzeugt man mittelst einer Lichtröhre einen roten Strahlenkegel (siehe Fig. 2) und läßt diese Strahlen auf weißes Papier auffallen, so erhält das Papier eine intensiv rote Färbung. Schaltet man vor das weiße Papier ein hellrosa gefärbtes Gewebe und läßt man nun den roten Strahlenkegel so auf das Papier fallen, daß die eine Hälfte der roten Strahlen auf das Papier fällt, die andere Hälfte hingegen das Gewebe beleuchtet, so beobachtet man, daß sowohl das Papier als das Gewebe gleich intensiv rot gefärbt sind und keinerlei Farbenunterschiede aufweisen. Wiederholt man auf gleiche Weise denselben Versuch mit einem sattrot gefärbten Gewebe, so besitzt ebenso wie das Papier auch das Gewebe eine sattrote, intensiv leuchtende Farbe. Es ist also bei der Beleuchtung die Sattheit der roten Farbe des Gewebes durch die roten Lichtstrahlen nicht weiter gesteigert worden. Aus diesen Versuchen ergibt sich somit, daß die Monosaturation der roten Grundfarbe tatsächlich vorhanden ist und daß über eine gewisse Sättigungsgrenze hinaus das menschliche Auge die Empfindungsfähigkeit für eine eventuelle Steigerung der Farbenintensität verliert. In der gleichen Weise läßt sich auch die Saturation bei der sattgelben und der sattblauen Farbe durch Beleuchtung mit gelben und blauen Lichtstrahlen nachweisen. Die Monosaturation ist als eine tatsächlich vorhandene, auf dem beschränkten menschlichen Farbenempfindungsvermögen beruhende Grenze der Farbenintensität aufzufassen. Streicht man auf ein sattrot gefärbtes Papier die verdünnte Lösung eines gelben Anilinfarbstoffes, so beobachtet man, wie bekannt, den Übergang der Farbe Rot in die Farbe Orange. Streicht man nach dem Trocknen abermals über dieses hellorange gefärbte Papier die gelbe Anilinfarblösung, so beobachtet man alsdann ein intensiveres Orange. Es ergibt sich somit, daß die sattrote Farbe, welche keiner weiteren Steigerung der Farbenintensität fähig war, eine Aufnahmsfähigkeit für die gelbe Grundfarbe besitzt. Macht man über dieses orange gefärbte Papier noch mehrmals Anstrichsversuche mit der verdünnten gelben Farblösung, so läßt sich nach dem Trocknen eine Zunahme des gelben Farbentones wahrnehmen. Setzt man diese Auftragungen fort, so beobachtet man, daß von einer bestimmten Grenze ab die Farbe sich nicht weiter ändert, daß also die Farbe Orange bei der bestimmten Sättigungsgrenze angelangt ist. Streicht man über ein sattgelb gefärbtes Papier die verdünnte Lösung eines blauen Anilinfarbstoffes, so nimmt man wahr, daß das gelbe Papier nach dem Trocknen eine hellgrüne Färbung besitzt. Es hat also die sattgelbe Farbe, welche keine Aufnahmsfähigkeit für die gelbe Grundfarbe

3*

mehr besaß, noch Anteile der blauen Farblösung in sich aufgenommen. Eine intensiver grüne Färbung läßt sich erzielen, wenn man über den ersten, hellgrünen Anstrich weitere Anteile der blauen Farblösung aufträgt. Schließlich erhält man bei weiterer Fortsetzung dieser Versuche eine Färbung von sattem, dunkelgrünem Aussehen, welche keiner weiteren Steigerung mehr fähig ist. Streicht man über intensiv blau gefärbtes Papier die verdünnte Lösung eines roten Anilinfarbstoffes und stellt analoge Versuche an, so erhält man sukzessive alle Nuancen vom hellroten Violett bis zum satten Violett, welches schließlich in seiner Intensität nicht mehr gesteigert werden kann. Diese Sättigungsgrenze bei den bikoloren Farben bezeichnen wir als Bisaturation. Es sind bei den Farben Orange, Grün und Violett je zwei Grundfarben im Zustand der Sättigung in der Farbe enthalten. Es wurden von mir auch Beleuchtungsversuche zum Zweck der Untersuchung der Bisaturation angestellt. Ein sattrot gefärbter Stoff, welcher von einer sattgelben Lichtquelle beleuchtet wurde, zeigte ein orangerotes Aussehen. Derselbe Stoff, von einer blauen Lichtquelle beleuchtet, nahm eine violette Färbung an. Gelb in der Beleuchtung einer roten Lichtquelle gewann ein orangeartiges, von einer blauen Lichtquelle bestrahlt, ein grünes Aussehen. Blau von Rot beleuchtet ergab Violett und schließlich von Gelb beleuchtet Grün. Weitere Beleuchtungsversuche ergeben noch folgende Resultate: Orange in gelber Beleuchtung lieferte Orange, Grün mittelst einer gelben Lichtquelle Gelbgrün, Grün in grünem Lichte ergab ein intensives Grün, Violett bei blauer Beleuchtung Blau, in violettem Licht ein intensives Violett. Aus diesen Beleuchtungsversuchen farbiger Flächen mit verschiedenen Lichtfarben ergibt sich, daß für die Bisaturation eine Grenze besteht, welche durch das Farbenempfindungsvermögen des menschlichen Auges für die Sattheit von Farben gezogen ist. Ob die Sattheit von Farben auch eine objektiv begrenzte ist, ist jedenfalls zweifelhaft. Es sei an dieser Stelle noch erwähnt, daß es praktisch nicht gleichgültig ist, ob zuerst die gelbe und dann die blaue oder zuerst die blaue und darauf die gelbe Farbenschichte aufgetragen wird, ebenso auch bei den anderen Farben. Es ergeben sich hierbei Farbenunterschiede, welche von Ostwald [1]) dahin erklärt wurden, daß bei der Farbenauftragung eine Übereinanderlagerung von Farben erfolgt. Die Lichtdurchlässigkeit der obersten Schichte bestimmt nun den Grad der Sichtbarkeit für die darauffolgende, zweite Farbenschichte. Ist die oberste Farbenschichte sehr lichtdurchlässig, so wird auch die zweite Schichte deutlich zur Wirkung gelangen, während diese unter Umständen sogar vollständig wirkungslos werden kann, sobald die oberste Farbenschichte nur in geringem Grade farbendurchlässig ist.

---

[1]) Ostwald, Versuche über Malerei.

Bestreicht man ein sattorange gefärbtes Papier mit einer verdünnten blauen Farblösung, so bemerkt man ein deutliches Abtrüben der ursprünglichen Nuance, was darauf zurückzuführen ist, daß die sattorange Farbe blaue Farbenanteile angenommen hat. Streicht man nun abermals die blaue Farblösung über die erhaltene Farbe und wiederholt nach dem jeweiligen Trocknen diese Versuche immer wieder, so erhält man zuerst eine hellblaue Färbung des Papieres, die sukzessive über ein immer dunkler werdendes Braun in die Farbe Schwarz übergeht. Macht man über der so erhaltenen schwarzen Farbe weitere Auftragungen mittelst der blauen Anilinfarblösung, so läßt sich keinerlei weitere Veränderung der schwarzen Farbennuance mehr wahrnehmen. Dieses tiefdunkle Schwarz ist also sowohl von der blauen wie von der roten und gelben Grundfarbe vollkommen gesättigt und kann also keine dieser Grundfarben in größerer Menge in sich mehr aufnehmen. Streicht man auf ein sattgrün gefärbtes Papier die Lösung eines roten Farbstoffes, so bemerkt man ein deutliches Abdunkeln der Nuance, das sich stets mehr steigert, wenn auf die erhaltene Farbe nach dem Trocknen jeweils wieder die verdünnte rote Farblösung aufgetragen wird. Bei Wiederholung dieser Anstrichversuche bemerkt man allmählich den Übergang der Farbe Grün in Dunkelgrün und schließlich in mehreren Zwischenstufen in die Farbe Schwarz, deren Nuance aber durch weitere Auftragungen nicht mehr gesteigert werden kann. Trägt man die verdünnte Lösung eines gelben Anilinfarbstoffes auf ein violettes Papier auf und stellt in genau der gleichen Weise Anstrichsveruche an, so erhält man Farbennuancen, die sukzessive immer mehr abdunkeln und schließlich in die Farbe Schwarz übergehen, welche ebenfalls die Sättigungsgrenze erreicht hat und keiner weiteren Steigerung mehr fähig ist. Wie aus diesen drei verschiedenen Versuchsreihen hervorgeht, gehen die drei bisaturierten Farben Orange, Grün und Violett bei der Einwirkung der dritten Grundfarbe in die Farbe Schwarz über, die alsdann die drei Grundfarben in vollkommenster Sättigung enthält. Diesen Farbenzustand bezeichnen wir deshalb als Trisaturation. Es wurden von mir auch farbige Beleuchtungsversuche mit satten orange, grünen und violetten Farben angestellt. Ein sattorange gefärbter Stoff, von einer blauen Lichtquelle beleuchtet, ergab ein schwarzes Aussehen; eine tiefschwarze Färbung zeigte sich bei Beleuchtung eines sattgrünen Stoffes mit rotem Lichte, während man bei violett gefärbtem Stoffe in gelbem Lichte ein schwarzbraune, nahezu schwarze Färbung erhielt. Es ergibt sich aus diesen Beleuchtungsversuchen eine vollkommene Übereinstimmung mit den Resultaten bei den Farbenmischungen bei der Übereinanderschichtung von Farblösungen. Die Farbe Schwarz, welche sich im Zustande der Trisaturation befindet, ist ganz farbenunempfindlich geworden und ist nicht mehr imstande, irgend eine Körperfarbe in sich aufzunehmen. So mußte, als ich farbige Beleuchtungsversuche auf schwarzen Stoffen vornahm, notwendig sich das Resultat ergeben, daß alle Lichtfarben Rot, Orange, Gelb, Grün, Blau und Violett die Farbe Schwarz völlig unverändert lassen, was auch tatsächlich der Fall ist. Die Farbe Schwarz als trisaturierte Farbe steht somit in vollkommenem Gegensatz zu der Farbe Weiß, welche sich im Zustande absoluter Farblosigkeit befindet und für die geringste Spur einer Körperfarbe eine außerordentlich große Aufnahmsfähigkeit besitzt. Die Farben Weiß und Schwarz bilden also innerhalb des Dreifarbensystems die größten Gegensätze.

Es bleiben nunmehr noch jene Farben zu besprechen, welche koloristisch eine Zwischenstellung zwischen dem Zustand der Farblosigkeit und jenem der vollkommenen Farbensättigung einnehmen. Es sind dies die verdünnten Farben. Wenn man ein Pulverglas mit Kreidepulver völlig anfüllt und als oberste Schichte eine Spur Zinnoberstaub aufschüttet und sodann das weiße Pulver mit dem roten Farbpulver durch Umschütteln vollkommen vermengt, so nimmt das ganze Pulver eine hellrosa Färbung an. Setzt man diesem Pulver noch weitere Mengen Zinnoberstaub zu, so bemerkt man, daß die ursprünglich hellrosa Färbung sich immer mehr der Farbe Rot nähert. Gleiche Versuche mit weißen und farbigen Pulvern, z. B. mit Kreide und Ruß oder mit Kreide und Miloriblau u. dgl. mehr zeigen, daß das Mischungsverhältnis zwischen dem weißen und dem farbigen Pulver maßgebend ist für die Intensität der entstehenden Farbenmischung Es wird die Farbe um so dunkler werden, je mehr der Anteil des farbigen Pulvers den des weißen Pulvers überwiegt und umgekehrt um so weißer erscheinen, je mehr weißes Pulver gegenüber dem farbigen in der Mischung vorhanden ist. Bei diesen Versuchen spielt also das weiße Pulver die Rolle eines Verdünnungsmittels, indem es den Eindruck der Farbe des farbigen Pulvers schwächt. Dieselbe Wirkung findet auch bei der Verteilung der Farblösungen auf weißem Papier oder weißem Stoff statt. Auch hier verteilen sich die Körperfarben in ähnlicher Weise über eine farblose Fläche und breiten dann ihre Farbenwirkung von einem Punkt über eine ganze Fläche aus. Diese Ausbreitung der Farbenwirkung hat auf das Auge des Beobachters eine Abschwächung der Intensität der Farbe zur Folge. Je weniger Farbe sich auf eine große Fläche verbreitet, um so heller erscheint die Farbe dem menschlichen Auge; das Weiß bildet also immer die Rolle eines Verdünnungsmittels. Sämtliche im Dreifarbensystem festgestellten Farben lassen sich auch als Verdünnungsfarben herstellen. Während die Serien des Dreifarbensystems alle aus sattroten, sattgelben und sattblauen Farben erzeugt wurden, lassen sich auch Serien erhalten, bei welchen an Stelle der satten Grundfarben verdünnte Farben zur Anwendung gelangen. Mischt man die Farben Rosa, Creme und Lichtblau in verschiedenen Verhältnissen analog den Angaben im vorangehenden Kapitel, so ergeben sich Mischfarben, welche zwar sämtlich die Nuancen der satten Farben besitzen, jedoch als Verdünnungsstufen der satten Farben anzusehen sind. Es lassen sich solche

Verdünnungsstufen in den verschiedensten Graden von der satten Farbe bis zum Zustand der Farblosigkeit, d. h. der Farbe Weiß, herstellen, und es entstehen so Verdünnungsserien, welche unendlich viele Farbenschattierungen von der tiefsten satten Farbe bis zu der hellsten, weißen Farbe enthalten. Solche Farbenschattierungen lassen sich auch aus den Farben Orange, Grün, Violett, Schwarz, Braun u. s. w. erhalten. Die Schattierungen, welche durch Verdünnung der Farbe Schwarz sich ergeben, umfassen alle Nuancen von Schwarz, Dunkelgrau, Lichtgrau, bis zur Farbe Weiß; die Schattierungen bei Verdünnung von Braun führen ebenfalls von Braun über Dunkelbraun, Lichtbraun, Drap bis zur weißen Farbe, die Verdünnungen der sattvioletten Farbe zeigen in gleicher Weise Übergänge von Dunkelviolett über Lila bis zur Farbe Weiß. Da solche Farbenschattierungen durch Verdünnung von sämtlichen Farben des Dreifarbensystems hergestellt werden können, so ergibt sich, daß die Zahl der theoretisch möglichen Verdünnungsfarben eine unendlich große ist; sie umfaßt sämtliche Farben des Dreifarbensystems multipliziert mit den ins Millionenfache gehenden Verdünnungsmöglichkeiten jeder einzelnen Farbe.

Viertes Kapitel.

Theoretische Farbennomenklatur.

Im vorangehenden Kapitel sind die Konzentrationsverhältnisse der Körperfarben eingehender untersucht worden. Wie sich hierbei ergeben hat, können wir bei den Körperfarben verschiedene Konzentrationsabstufungen unterscheiden. Wir haben gefunden, daß es einen Zustand gibt, bei welchem die Farbenwirkung der Materie gleich Null ist; eine solche Materie, die keine Farbenwirkung auf das menschliche Auge auszuüben vermag, bezeichnen wir entweder als weiß oder als farblos, je nach dem Grad der Lichtdurchlässigkeit derselben. Es ist ferner nachgewiesen, worden daß die Materie imstande ist, eine mehr oder minder intensive Farbwirkung auf das menschliche Auge hervorzubringen. Wir haben gefunden, daß bei Eintritt einer Farbensättigung das Auge des Beobachters nicht mehr imstande ist, Steigerungen der Farbenintensität einer Körperfarbe wahrzunehmen; es ruft also die Materie nicht unter allen Umständen die gleiche Farbwirkung auf das menschliche Auge hervor. Wir wissen, daß die Farbenwirkung der Materie auf einer Reflexion gewisser Lichtfarben und einer Absorption anderer Lichtfarben beruht. Wir nennen diese Farbwirkung die „koloristische Funktion" der Materie. Gewisse Materien sind, wie bekannt, in besonders hohem Maße geeignet, koloristische Funktionen hervorzubringen; man bezeichnet solche Materien als Farbstoffe. Es gibt jedoch auch Materien, welche in nur geringem Grade oder gar nicht imstande sind, solche Funktionen zu veranlassen; es sind dies die „weißen" Materien. Es besteht somit bei den verschiedenen Materien ein großer Unterschied in der Intensität der koloristischen Funktionen; während sämtliche weiße Körper, z. B. Bleiweiß, Zinkweiß, Kreide u. dgl. keinerlei solche Funktionen auszuüben imstande sind, besitzen die gefärbten Materien und namentlich die Farbstoffe diese Eigenschaft in hohem Maße. Diese Erkenntnis ruft das Bedürfnis hervor, für die Verschiedenheit der koloristischen Funktionen der Materien einen geeigneten Maßstab zu finden. Um nun zu einer Bemessung der verschiedenen Materien gelangen zu können, war es vorerst notwendig, über die Mischungsresultate der Farben Klarheit zu gewinnen. In dem Kapitel über das Dreifarbensystem ist dargelegt worden, welche Resultate die Mischung der drei Grundfarben Rot, Gelb, und Blau in verschiedenen Mischungsverhältnissen ergibt. Es ist erkannt worden, daß es bikolore und trikolore Farbenserien gibt, und so wurde mit Hilfe des Farbendreiecks ein fester Rahmen geschaffen, innerhalb welchen sämtliche aus der Mischung der drei Grundfarben hervorgehenden Farbentöne eingeordnet werden können. Durch diese Untersuchungen über die Stellung der einzelnen Farbennuancen im Dreifarbensystem, sowie jene über die satten und verdünnten Farben sind nunmehr die Grundlagen geschaffen worden, mittelst welcher wir zu einer rationellen Farbennomenklatur gelangen können. Die Nutzanwendung der beobachteten Tatsachen liefert nunmehr von selbst jenes Maß der Farben, welches einen tieferen Einblick in die Zusammensetzung der Mischfarben möglich macht. Die im Nachfolgenden gegebene Farbennomenklatur bezweckt in erster Linie einen theoretischen Einblick in die Mischungsverhältnisse der Farben zu gewinnen; ihre praktische Anwendung erfolgt erst an anderer Stelle.

Der Gedanke, daß die Mischung dreier Grundfarben zu einer Bemessung sämtlicher Körperfarben angewendet werden könne, ist bereits wiederholt geäußert worden. Von Steinheil in Nancy [1]) wurde eine große Anzahl vortrefflicher Farbentafeln ausgearbeitet, welche über die Beziehungen der Grundfarben zu den Mischfarben sehr interessante Aufschlüsse geben. Auch von Chevreul, Rosenstiehl und Klaudy sind Vorschläge zur Schaffung einer Farbennomenklatur gemacht worden. Um zu einer geeigneten Farbennomenklatur zu gelangen, versuchte ich die neugefundenen Begriffe der Farblosigkeit und der Farbensättigung in geeigneter Weise zu verwerten. Ich ging von dem Gedanken aus, daß die Bemessung der koloristischen Funktion der Materie in ähnlicher Weise erfolgen könne, wie beispielsweise die Bemessung der Temperaturen durch den Thermometer. Ich stellte mir vor, daß, wenn zwei Fixpunkte gegeben seien, die Zwischeneinteilung sich in einfacher Weise ergeben würde. Es sind nun tatsächlich für die Bemessung der koloristischen Funktion

---

[1]) Steinheil, La réproduction des couleurs.

der Materien Grenzpunkte gegeben, welche als Grundlage der Farbennomenklatur gelten können. Da die sogenannte Farbe Weiß keinerlei Körperfarben in sich enthält, so kann sie als der Nullpunkt der koloristischen Funktion der Materie angesehen werden. Andererseits ist uns bekannt, daß die Körperfarben nur bis zu einem bestimmten Sättigungsgrad imstande sind, auf das menschliche Auge Farbenwirkungen hervorzubringen; wird diese Sättigungsgrenze überschritten, so nimmt die Intensität der Farbenwirkung nicht weiter zu. Der Zustand der Farblosigkeit, d. i. die Farbe Weiß, und der Zustand der Sättigung der Körperfarben sind nun jene beiden Fixpunkte, welche zur Bemessung der Farbenintensität in gleicher Weise verwendet werden können, wie der Gefrierpunkt und der Siedepunkt des Thermometers zur Bemessung der Temperaturen. Es sind also die Grenzpunkte einer Skala gegeben, mittelst welcher, man imstande ist, die koloristischen Funktionen der Materien in geeigneter Weise zu bemessen.

Betrachtet man eine weiße Fläche, z. B. weißes Papier, so ist man nicht imstande, irgend eine Farbwirkung auf das menschliche Auge wahrzunehmen; es sind in dieser weißen Fläche keinerlei Körperfarben enthalten. Streicht man auf dieses Papier nebeneinander die satten Lösungen je eines roten, eines gelben und eines blauen Anilinfarbstoffes und trocknet, so erhält man drei Streifen, welche die rote, gelbe und blaue Grundfarbe im Zustand der Farbensättigung enthalten. Streicht man über diese Streifen nochmals die betreffende satte Grundfarbe, so nimmt man wahr, daß die Intensität der drei Farben keine weitere Steigerung mehr erfahren hat. Zeichnet man in diesen drei farbigen Streifen mittelst eines Bleistiftes eine quadratische Fläche, ein, welche eine Seitenlänge von je 1 cm besitzt, so erhält man in jedem Band 1 qcm der satten Farbe; wir haben somit 1 qcm der roten, 1 qcm der gelben und 1 qcm der blauen Farbe auf dem weißen Papier abgegrenzt (siehe Tafel 3, Fig. 1). Jeder dieser 3 qcm enthält eine bestimmte Menge von Körperfarben, welche koloristische Funktionen auf das menschliche Auge ausüben. Wir haben jetzt eine abgegrenzte Größe für die koloristische Funktion dieser drei Körperfarben gegeben; wir wissen, daß 1 qcm einer satten Grundfarbe die in der Abbildung erkennbare koloristische Funktion besitzt; der qcm einer satten Grundfarbe ist also ein Maß für die Intensität einer bestimmten koloristischen Funktion.

Dieser qcm der satten Farbe ist imstande, die Größe der koloristischen Funktion in gleicher Weise erkennen zu lassen, wie beispielsweise die Normalkerze den Maßstab für die Bemessung der Lichtstärke bildet. Ebenso wie die Normalkerze nicht selbst über das Wesen des Lichtes Aufschluß gibt, sondern nur ein materielles Maß für die Lichtstärke bildet, ebenso kann auch der qcm nur als ein materielles Flächenmaß der koloristischen Funktionen angesehen werden. Teilt man den qcm der satten roten, gelben und blauen Farbe in 100 gleiche Teile, so erhalten wir je 100 qmm der satten drei Grundfarben. Bezeichnen wir den Farbeninhalt eines derartigen qmm der satten Grundfarbe als 1 „Kolor“, so kann die koloristische Funktion eines qcm der satten Farbe ziffernmäßig dargestellt werden als 100 Kolore Rot, 100 Kolore Gelb und 100 Kolore Blau. Diese Bezeichnung gibt nicht über die Eigenschaften des Farbstoffes selbst, sondern nur über die koloristische Funktion desselben einen ziffernmäßigen Ausdruck.

Aus den Untersuchungen über das Dreifarbensystem wissen wir, daß es drei bikolore Farbenserien gibt. Wenn man Rot und Gelb in entsprechenden Verhältnissen mischt, so entsteht die Farbe Orange; die Mischfarbe Grün entsteht, wenn Gelb und Blau in entsprechenden Verhältnissen zur Mischung gelangen; ferner erhält man durch Mischung von Rot und Blau die Farbe Violett. Man kann diese Mischungszustände durch Gleichungen in folgender Gestalt zum Ausdruck bringen:

$$\text{Rot} + \text{Gelb} = \text{Orange,}$$
$$\text{Gelb} + \text{Blau} = \text{Grün,}$$
$$\text{Rot} + \text{Blau} = \text{Violett.}$$

Die Untersuchungen über die trikoloren Farben haben ergeben, daß es drei trikolore Farbenserien gibt. Die erste Serie führt von Rot über Schwarz zu Grün (Rot-Schwarz-Grün-Serie), die zweite von Gelb über Schwarz zu Violett (Gelb-Schwarz-Violett-Serie), die dritte trikolore Serie führt von Blau über Schwarz zu Orange (Blau-Schwarz-Orange-Serie). Auch diese Mischungszustände kann man durch Gleichungen zum Ausdruck bringen, wie folgt:

$$\text{Rot} + \text{Grün} = \text{Schwarz,}$$
$$\text{Gelb} + \text{Violett} = \text{Schwarz,}$$
$$\text{Blau} + \text{Orange} = \text{Schwarz.}$$

Wir wissen ferner, daß die drei Grundfarben Rot, Gelb und Blau in entsprechenden Verhältnissen gemischt, ebenfalls die Farbe Schwarz ergeben, daher

$$\text{Rot} + \text{Gelb} + \text{Blau} = \text{Schwarz.}$$

Vergleicht man die drei bikoloren Gleichungen mit den drei trikoloren Gleichungen, so erkennt man, daß die Mischfarben Orange, Grün und Violett sich auch durch die zwei Grundfarben ausdrücken ließen. An Stelle der Gleichung

$$\text{Rot} + \text{Grün} = \text{Schwarz}$$

könnte man auch setzen

$$\text{Rot} + (\text{Gelb} + \text{Blau}) = \text{Schwarz,}$$

ebenso in analoger Weise die beiden anderen trikoloren Gleichungen ersetzen durch folgende:

$$\text{Gelb} + (\text{Rot} + \text{Blau}) = \text{Schwarz,}$$
$$\text{Blau} + (\text{Rot} + \text{Gelb}) = \text{Schwarz.}$$

Kürzt man die Bezeichnungen Rot, Gelb, und Blau in der Weise ab, daß man an Stelle derselben deren Anfangsbuchstaben setzt, so ergeben sich also mit den Bezeichnungen

$$R = \text{Rot},$$
$$G = \text{Gelb},$$
$$B = \text{Blau}$$

folgende Gleichungen:

$$R + G = \text{Orange},$$
$$G + B = \text{Grün},$$
$$R + B = \text{Violett},$$
$$R + G + B = \text{Schwarz}.$$

Diese aus dem Dreifarbensystem erhaltenen Farbengleichungen geben wohl Aufschluß über die Resultate der Mischung mehrerer Grundfarben, sie sind aber nicht imstande, die Quantitätsbeziehungen jeder der einzelnen an der Mischung beteiligten Grundfarben klar erkennen zu lassen; mit diesen Gleichungen ist also kein Einblick in die koloristischen Funktionen der Materie möglich. Verbindet man nun diese Gleichungen mit jener Einteilung, welche im vorangehenden mittelst 3 qcm von satten roten, gelben und blauen Farben dargestellt wurde, so ist man in der Lage, zahlenmäßige Aufschlüsse über die Mischungsfähigkeit der Körperfarben zu gewinnen. Es ist keineswegs erforderlich, daß die satten Farben den absoluten Sättigungsgrad besitzen müssen.

Für die Feststellung des Begriffes „satt“ würde eine einmalige Definition für alle Fälle als fester Maßstab dienen können. Man kann als satte Farbe jede konzentrierte Lösung eines beliebigen, reinen Anilinfarbstoffes anwenden. Die Wahl der einzelnen Farbstoffe, welche als satte Grundfarbstoffe gelten sollen, ist einer Verständigung der Koloristen vorbehalten und könnte auf einem Kongresse zur Entscheidung gelangen.

Bezeichnen wir 1 qcm einer satten Grundfarbe in der oben angegebenen Weise, so läßt sich die koloristische Funktion der in diesem qcm enthaltenen Farbstoffmenge mit 100 Koloren der betreffenden Grundfarbe ausdrücken. Gebraucht man wieder die für die drei Grundfarben oben eingeführten Bezeichnungen, so gelten folgende Beziehungen:

$$1 \text{ qcm Satt-Rot} = 100 \text{ Kolore Rot} = R_{100},$$
$$1 \text{ qcm Satt-Gelb} = 100 \text{ Kolore Gelb} = G_{100},$$
$$1 \text{ qcm Satt-Blau} = 100 \text{ Kolore Blau} = B_{100}.$$

Wir haben nunmehr in der Begrenzung der satten Körperfarben bestimmte Maße für die Bestimmung der koloristischen Funktion der Materie gefunden. Mit Hilfe dieser Maße ist es jetzt möglich, zu einer genauen Beurteilung der Farbenkonzentrationen zu gelangen. Wenn wir mittelst einer satten Lösung eines Anilinfarbstoffes eine Reihe von Ausfärbungen auf weißem Material vornehmen und die Konzentration dieser Färbungen immer mehr abstufen, so daß wir, vom reinen Weiß ausgehend, über

Hellrosa, Dunkelrosa, Lichtrot schließlich zum satten Rot gelangen, so haben wir eine Farbenskala gegeben, welche vom reinen Weiß in verschiedenen Konzentrationsstufen der Farbe Rot schließlich zum satten Rot führt. Wenn wir die Mengen der Farbenflüssigkeit, die bei der Herstellung der Färbungen angewendet wurde, genau abgemessen haben, so gibt das Verhältnis der Flüssigkeit einen beiläufigen Aufschluß über die Konzentration der Färbungen. Schneidet man von diesen Färbeproben je 1 qcm aus und reiht diese verschiedenen Konzentrationsstufen vom reinen Weiß bis zum satten Rot nebeneinander, so erhält man eine Reihe von Farben mit verschieden großen koloristischen Funktionen der roten Grundfarbe. Während im reinen Weiß die koloristische Funktion als Null anzusehen ist, ist im hellen Rosa bereits eine solche der roten Grundfarbe vorhanden. Im dunklen Rosa ist diese koloristische Funktion schon in höherem Maße vorhanden, im Lichtrot ist sie schon sehr groß und muß im satten Rot endlich unserer Definition entsprechend als R_{100} bezeichnet werden. Diese verschiedenen Verdünnungsstufen der roten Grundfarbe vom satten Rot bis zum reinen Weiß besitzen also einen Farbeninhalt, welcher von der koloristischen Funktion R_{100} bis zur Funktion O führt. Nehmen wir die Abstufungsunterschiede vom satten Rot bis zum Weiß mit je 20 Koloren Rot an, so können wir die Zwischennuancen zwischen Rot und Weiß in folgender Weise bezeichnen:

$$R_{100} = \text{Sattrot,}$$
$$R_{80} = \text{Hellrot,}$$
$$R_{60} = \text{Lichtrot,}$$
$$R_{40} = \text{Dunkelrosa,}$$
$$R_{20} = \text{Hellrosa,}$$
$$R_{0} = \text{Weiß.}$$

In genau der gleichen Weise lassen sich wie bei der roten Grundfarbe auch Verdünnungsreihen der Farbe Gelb vom satten Gelb bis zum reinen Weiß herstellen. Wenn man mittelst einer satten gelben Anilinfarblösung eine Reihe von Ausfärbungen in verschiedenen Verdünnungsgraden herstellt und diese Färbeproben in qcm geschnitten nebeneinander reiht, so erhält man ebenfalls wieder eine Verdünnungsreihe, welche vom satten Gelb über Mittelgelb, Hellgelb, Dunkelcreme, Lichtcreme zum Weiß führt. Stellt man diese Verdünnungsreihen durch die Farbennomenklatur dar, so erhält man folgende Farbenformeln:

$$G_{100} = \text{Sattgelb,}$$
$$G_{80} = \text{Mittelgelb,}$$
$$G_{60} = \text{Hellgelb,}$$
$$G_{40} = \text{Dunkelcreme,}$$
$$G_{20} = \text{Lichtcreme,}$$
$$G_{0} = \text{Weiß.}$$

Diese Zahlen geben einen treffenden Aufschluß über die Konzentrationsverhältnisse der gelben Grundfarbe innerhalb der weißen Fläche. Bereitet man analog mittelst der Lösung eines blauen Farbstoffes Ausfärbungen, so erhält man Farbenabstufungen, welche sich wie folgt darstellen lassen:

$$B_{100} = \text{Sattblau,}$$
$$B_{80} = \text{Mittelblau,}$$
$$B_{60} = \text{Hellblau,}$$
$$B_{40} = \text{Lichtblau,}$$
$$B_{20} = \text{Helles Lichtblau,}$$
$$B_0 = \text{Weiß.}$$

Die Verdünnungsreihen finden nunmehr mittelst der Farbenformeln einen zahlenmäßigen Ausdruck, welcher in die koloristischen Funktionen der Grundfarben bei den verschiedenen Verdünnungsstufen einen tieferen Einblick gestattet, als es bisher möglich war. In der gleichen Weise, wie sich die Verdünnungsreihen der drei Grundfarben darstellen lassen, können nunmehr auch die drei bikoloren Farbenserien zahlenmäßig zum Ausdruck gebracht werden. Wenn man beispielsweise die Rot-Blau-Serie mittelst Farbenformeln ausdrücken soll, so kann dies in folgender Weise geschehen. Man trägt verschieden stark konzentrierte Lösungen der satten roten Grundfarbe nebeneinander in einer Reihe auf und rechtwinklig dazu verschieden stark konzentrierte Lösungen der satten blauen Grundfarbe (siehe Tafel 3, Figur 3).

Wählt man die Konzentrationsverhältnisse der Verdünnungsreihen der roten und blauen Grundfarbe derartig, daß eine Abstufung von 20 zu 20 Koloren erfolgt, so werden die roten und blauen Farbenfelder, die übereinander aufgedruckt werden, in einem Verdünnungsverhältnisse abnehmen, welches sich wie $100 : 80 : 60 : 40 : 20 : 0$ verhält. Vom satten Rot ausgehend gelangen in der ersten Reihe die Verdünnungsstufen über Hellrot, Lichtrot, Dunkelrosa, Hellrosa bis weiß zur Darstellung. In der zweiten Reihe werden diese Verdünnungsstufen von der blauen Grundfarbe, welche eine Intensität von 20 Koloren pro qcm besitzt, überdeckt. Es entstehen nun folgende Mischfarben: Das Sattrot von der Formel R_{100} deckt sich im ersten Feld mit der verdünnten blauen Farbe von der Formel B_{20}; es ergibt sich somit folgende Gleichung:

$$R_{100} + B_{20} = R_{100}B_{20}.$$

Es entsteht im ersten Fall ein sehr rotstichiges Violett, welches aus 100 Teilen Rot und 20 Teilen Blau besteht. In dem daneben befindlichen zweiten Feld findet eine Mischung von 80 Teilen Rot und 20 Teilen Blau statt. Die entstehende Mischfarbe läßt sich folgendermaßen ausdrücken:

$$R_{80} + B_{20} = R_{80}B_{20}.$$

Im nächsten daneben befindlichen Feld geht eine Mischung vor sich nach der Formel:

$$R_{60} + B_{20} = R_{60}B_{20}.$$

Im vierten Felde gelangen die Farben Dunkelrosa und helles Lichtblau zur Vereinigung gemäß der Formel:

$$R_{40} + B_{20} = R_{40}B_{20}.$$

Gleiche Mengen der roten und blauen Grundfarbe kommen im benachbarten fünften Felde zur Mischung; dieser Vorgang findet seinen Ausdruck in der Gleichung

$$R_{20} + B_{20} = R_{20}B_{20}.$$

Es entsteht hierbei eine Mischfarbe, welche hellviolette Färbung besitzt. Im sechsten Felde wird die blaue Grundfarbe von keiner roten mehr bedeckt und es entsteht ein Lichtblau von der Formel B_{20}. Die dritte Reihe enthält verschiedene Verdünnungsstufen der roten Farbe, welche von einer verdünnten, je 40 Kolore pro qcm enthaltenden blauen Grundfarbe überdeckt werden. Es entstehen hierbei folgende Farben gemäß den Gleichungen:

$$R_{100} + B_{40} = R_{100}B_{40},$$
$$R_{80} + B_{40} = R_{80}B_{40},$$
$$R_{60} + B_{40} = R_{60}B_{40}.$$
$$R_{40} + B_{40} = R_{40}B_{40},$$
$$R_{20} + B_{40} = R_{20}B_{40},$$

schließlich B_{40}.

Es zeigt sich, daß mit Abnahme des Rot-Gehaltes die nebeneinander befindlichen Felder ein immer blaustichigeres Violett ergeben. Dieser zunehmende blaue Ton des Violett findet in den Farbenformeln deutlichen, zahlenmäßigen Ausdruck. Die vierte Reihe zeigt nebeneinander Farben, welche verschiedene Verdünnungsstufen der satten roten Farbe mit der je 60 Kolore pro qcm enthaltenden blauen Grundfarbe aufweisen. Es entstehen so Mischfarben von folgenden Formeln:

$$R_{100}B_{60},$$
$$R_{80}B_{60},$$
$$R_{60}B_{60},$$
$$R_{40}B_{60},$$
$$R_{20}B_{60}.$$

Diese Farbenreihe zeigt vom roten Violett ausgehend ein immer intensiver blaues Violett, welches schließlich in Hellblau übergeht. Auch hier wird dem Übergang vom roten Violett zum Blau durch die Farbenformeln zahlenmäßiger Ausdruck verliehen. Die in der fünften Reihe entstehenden Mischfarben lassen sich durch folgende Formeln darstellen:

$$R_{100}B_{80},$$
$$R_{80}\ B_{80},$$
$$R_{60}\ B_{80},$$
$$R_{40}\ B_{80},$$
$$R_{20}\ B_{80},$$
$$-\ B_{80}.$$

Die sechste Reihe zeigt folgende Mischfarben:

$$R_{100}B_{100},$$
$$R_{80}\ B_{100},$$
$$R_{60}\ B_{100},$$
$$R_{40}\ B_{100},$$
$$R_{20}\ B_{100},$$
$$-\ B_{100}.$$

Wie diese Farbenserie zeigt, lassen sich die Beziehungen zweier Grundfarben durch Farbenformeln in einer sehr übersichtlichen Weise zur Darstellung bringen. Ebenso wie hier die Rot-Blau-Serie dargestellt wurde, lassen sich auch die Rot-Gelb-Serie und die Gelb-Blau-Serie zahlenmäßig ausdrücken. Die verschiedenen Verdünnungsstufen von Orange und Grün, sowie die große Anzahl von Nuancenvariationen, welche sich innerhalb dieser Serien ergeben, werden durch die Farbenformeln erst klar und verständlich. Mittelst dieser bekommt man ein genaues Bild über die Mengenverhältnisse jeder der beiden Grundfarben in der bikoloren Mischfarbe.

Als Mischungsresultat je zweier satter Grundfarben ergeben sich folgende Farbenformeln:

$$R_{100}\ \cdot+\quad G_{100}\quad = R_{100}G_{100}, \text{ d. h.}$$
Sattrot + Sattgelb = Sattorange;
$$G_{100}\ +\quad B_{100}\quad = G_{100}B_{100},$$
Sattgelb + Sattblau = Sattgrün;
$$R_{100}\ +\quad B_{100}\quad = R_{100}B_{100},$$
Sattrot + Sattblau = Sattviolett.

Sämtliche innerhalb der drei Farbenserien sich ergebenden Zwischennuancen finden koloristisch ihren Ausdruck in einer geringeren Anzahl von Koloren jeder der beiden Grundfarben. Es finden so verschiedene bekannte Farben, welche Verdünnungsstufen der bikoloren Mischfarben sind, durch folgende Formeln ihren zahlenmäßigen Ausdruck:

R_1G_6 = Strohgelb,	B_{10} = Lichtblau,
G_5 = Creme,	G_{60} = Citronengelb,
G_5B_5 = Lichtgrün,	$R_{40}B_{50}$ = Veilchenblau,
$G_{30}B_{25}$ = Grasgrün,	R_5B_{80} = Kornblau,
$R_{10}B_{10}$ = Lila,	$R_{50}B_{10}$ = Rosenrot.
R_{10} = Rosa,	

Diese wenigen Beispiele zeigen schon, wie sehr durch die zahlenmäßige Angabe der Farbenintensität die Beschreibung der Farbennuancen an Klarheit gewinnt. Es ist selbstverständlich, daß jede dieser hier angegebenen verdünnten Farben durch Änderung des Zahlenverhältnisses der beiden Grundfarben sofort Nuancenveränderungen erfährt. Nimmt man beispielsweise die Farbe Lila ($R_{10}B_{10}$), welche in ihrem Aussehen der Farbe des Flieders ähnlich ist, und überstreicht diese Farbe mit einer sehr verdünnten blauen Farblösung, so erhält man eine Lilafärbung, welche der Formel $R_{10}B_{15}$ entspricht; dieses Lila zeigt schon einen sehr intensiven Stich ins Blaue. Vermehrt man den Blaugehalt abermals, so gelangt man zu einem Lila von der Formel $R_{10}B_{20}$; vermehrt man dagegen den Rotgehalt des Lila, so erhält man Mischfarben von den Formeln $R_{15}B_{10}$ oder $R_{16}B_{10}$, $R_{20}B_{20}$ u. s. w. Es ist klar erkennbar, daß durch Veränderung der Farbenmengen der beiden Grundfarben beliebig viele Nuancen von Lila und beliebig viele Verdünnungs- oder Sättigungsstufen dieser Nuance herstellbar sind. Für alle diese Nuancenabstufungen und Verdünnungsgrade der bikoloren Mischfarben geben die Farbenformeln einen deutlichen Ausdruck. Ebenso wie dieses Beispiel der Lilafarbe sehr viele Variationen möglich machte, so ist auch jede andere der bikoloren Farben in unendlich vielen Nuancenvariationen herstellbar und über alle diese Variationen und verschiedenen Verdünnungsstufen der so entstehenden Mischfarben geben die Farbenformeln einen vollkommen exakten Aufschluß.

Wenn man nun die drei Farbenserien der trikoloren Mischfarben einer näheren zahlenmäßigen Untersuchung unterzieht, so erkennt man, daß auch die bei der Mischung dreier Grundfarben entstehenden

Tabelle I der trikoloren Mischfarben.

Farbnummer	Rot—Schwarz—Grün-Serie			Gelb–Schwarz–Violett-Serie			Blau – Schwarz–Orange-Serie		
	Rot	Gelb	Blau	Rot	Gelb	Blau	Rot	Gelb	Blau
1	100	—	—	—	100	—	—	—	100
2	100	20	20	20	100	20	20	20	100
3	100	40	40	40	100	40	40	40	100
4	100	60	60	60	100	60	60	60	100
5	100	80	80	80	100	80	80	80	100
6	100	100	100	100	100	100	100	100	100
7	80	100	100	100	80	100	100	100	80
8	60	100	100	100	60	100	100	100	60
9	40	100	100	100	40	100	100	100	40
10	20	100	100	100	20	100	100	100	20
11	—	100	100	100	—	100	100	100	—

Mischfarben mittelst der Farbenformeln ihren exakten Ausdruck finden. Bereitet man mit Hilfe dreier Lösungen von satten roten, gelben und blauen Anilinfarbstoffen verschiedene Mischungen nach der in Tabelle I angegebenen Weise, so erhält man verschiedene Mischfarben, welche, wie bekannt, von der satten Grundfarbe ausgehend, in verschieden dunkeln Zwischennuancen zu der Farbe Schwarz führen und schließlich von Schwarz in verschiedenen helleren Abstufungen in die bikolore Mischfarbe übergehen. Läßt man auf das satte Rot je 20 Teile der gelben und der blauen Grundfarbe einwirken, so entsteht eine Mischfarbe, welche aus 100 Teilen Rot, 20 Teilen Gelb und 20 Teilen Blau besteht und ein dunkelrotes Aussehen besitzt. Setzt man dieser Mischfarbe weitere je 20 Teile der gelben und der blauen Farbe zu, so gewinnt die entstehende Mischung ein sehr dunkelrotes Aussehen. Setzt man diese Beimischungen in gleichen Mengen fort, so erhält man eine aus 100 Teilen Rot und je 60 Teilen von Gelb und Blau zusammengesetzte Mischfarbe von bordeauxrotem Aussehen. Schließlich gelangt man nach weiteren Zusätzen der blauen und gelben Grundfarbe über Dunkelbordeaux zu der Mischfarbe Schwarz, welche aus je 100 Teilen jeder einzelnen Grundfarbe zusammengesetzt ist. Bereitet man eine Mischung, welche aus 80 Teilen Rot, 100 Teilen Gelb und 100 Teilen Blau besteht, so erhält man eine Mischfarbe von dunkelgrünem Aussehen. Läßt man unter Beibehaltung der Mengen der blauen und gelben Grundfarbe den Gehalt der Mischung an Rot in Abstufungen von 20 zu 20 Teilen abnehmen, so gewinnt man sukzessive dunkelolivgrüne, olivgrüne und schmutziggrüne Färbungen, sobald die Mischung bei je 100 Teilen Gelb und Blau nur noch 20 Teile Rot enthält. Wenn kein Rot, sondern nur 100 Teile Gelb und ebenso viele an Blau in der Mischung vorhanden sind, so erhält man eine Mischfarbe von sattgrünem Aussehen. Es ist so die ganze Rot-Schwarz-Grün-Serie in verschiedenen Nuancenabstufungen hergestellt worden und es ist nunmehr einfach, die letzteren durch Farbenformeln darzustellen. Es ergeben sich für diese Nuancenabstufungen die in der Tabelle angegebenen Zahlenverhältnisse. Die der Rot-Schwarz-Grün-Serie angehörenden Farben finden durch folgende Formeln ihre Bezeichnung:

Sattrot	$= R_{100}$
Dunkelrot	$= R_{100}G_{20}B_{20}$
Dunkelrot	$= R_{100}G_{40}B_{40}$
Lichtbordeaux	$= R_{100}G_{60}B_{60}$
Dunkelbordeaux	$= R_{100}G_{80}B_{80}$
Schwarz	$= R_{100}G_{100}B_{100}$
Schwarzgrün	$= R_{80}G_{100}B_{100}$
Dunkelolivgrün	$= R_{60}G_{100}B_{100}$
Olivgrün	$= R_{40}G_{100}B_{100}$
Schmutziggrün	$= R_{20}G_{100}B_{100}$
Sattgrün	$= G_{100}B_{100}$

In der gleichen Weise wie die Rot-Schwarz-Grün-Serie läßt sich auch die Gelb-Schwarz-Violett-Serie und die Blau-Schwarz-Orange-Serie durch Farbenformeln ausdrücken; die Zahlenverhältnisse dieser Mischungen ergeben sich aus der obigen Tabelle und die Farben jeder dieser Serie finden in analoger Weise durch Formeln ihre Bezeichnung.

Für die Gelb-Schwarz-Violet-Serie gelten die Formeln:

$$
\begin{aligned}
\text{Sattgelb} \quad &= G_{100}\\
\text{Gelbgrün} \quad &= R_{20}G_{100}B_{20}\\
\text{Trübes Gelbgrün} \quad &= R_{40}G_{100}B_{40}\\
\text{Trübes Olivgrün} \quad &= R_{60}G_{100}B_{60}\\
\text{Dunkelgrün} \quad &= R_{80}G_{100}B_{80}\\
\text{Schwarz} \quad &= R_{100}G_{100}B_{100}\\
\text{Rotschwarz} \quad &= R_{100}G_{80}B_{100}\\
\text{Dunkelpurpur} \quad &= R_{100}G_{60}B_{100}\\
\text{Cardinalrot} \quad &= R_{100}G_{40}B_{100}\\
\text{Satt-Heliotrop} \quad &= R_{100}G_{20}B_{100}\\
\text{Sattviolett} \quad &= R_{100}B_{100}.
\end{aligned}
$$

Für die Blau-Schwarz-Orange-Serie gelten die Formeln:

$$
\begin{aligned}
\text{Sattblau} \quad &= B_{100}\\
\text{Mittelblau} \quad &= R_{20}G_{20}B_{100}\\
\text{Trübes Mittelblau} \quad &= R_{40}G_{40}B_{100}\\
\text{Dunkelblau} \quad &= R_{60}G_{60}B_{100}\\
\text{Schwarzblau} \quad &= R_{80}G_{80}B_{100}\\
\text{Schwarz} \quad &= R_{100}G_{100}B_{100}\\
\text{Schwarzbraun} \quad &= R_{100}G_{100}B_{80}\\
\text{Dunkelbraun} \quad &= R_{100}G_{100}B_{60}\\
\text{Rotbraun} \quad &= R_{100}G_{100}B_{40}\\
\text{Goldbraun} \quad &= R_{100}G_{100}B_{20}\\
\text{Sattorange} \quad &= R_{100}G_{100}.
\end{aligned}
$$

Innerhalb der einzelnen Mischfarben sind naturgemäß wieder eine größere Anzahl von Nuancenvariationen möglich, wie dies z. B. schon in der Tafel bei der Farbe Bordeaux sichtbar ist. Nimmt man eine bestimmte Bordeaux-Farbe $R_{100}G_{60}B_{60}$ an und vermehrt den Gehalt der gelben Grundfarbe, so erhält man Bordeaux-Nuancen, welchen folgende Formeln zukommen: $R_{100}G_{70}B_{60}$, $R_{100}G_{80}B_{60}$. Wie hierdurch die Nuancen der Bordeaux-Farbe ein gelbstichigeres Aussehen bekommen, so zeigen andrerseits bei Vermehrung des Blaugehaltes diese Bordeaux-Farben ein mehr blaustichigeres Aussehen und besitzen folgende Formeln: $R_{100}G_{60}B_{70}$, $R_{100}G_{60}B_{80}$. Betrachtet man die Gelb-Schwarz-Violett-Serie, so bemerkt man, wie bereits erwähnt, daß die verschiedenen Abstufungen von der Farbe des satten Gelb über Braun zur Farbe Schwarz und von dieser über Purpur zur Farbe Violett führen. Alle diese Farbenabstufungen lassen sich durch Farbenformeln exakt ausdrücken. Für die Farbe Braun gelten beispielsweise folgende Formeln: $R_{40}G_{100}B_{40}$, $R_{60}G_{100}B_{60}$, $R_{80}G_{100}B_{80}$ u. s. w. Es ist selbstverständlich, daß bei so großen Intervallen, wie hier angegeben, eine außerordentlich große Anzahl von Zwischennuancen herstellbar ist. Es gibt braune Farben, welchen z. B. folgende Formeln entsprechen: $R_{60}G_{80}B_{40}$, $R_{80}G_{90}B_{50}$, $R_{70}G_{100}B_{40}$ u. s. w. Jede dieser Farbenformeln drückt eine bestimmte Farbennuance aus. Auch für die anderen in der Gelb-Schwarz-Violett-Serie angegebenen Mischfarben sind verschiedene Farbenvariationen und Nuancenabweichungen möglich. Die Blau-Schwarz-Orange-Serie enthält Abstufungen von der Farbe Blau über Dunkelblau zur Farbe Schwarz und von dieser über Rotbraun zur Farbe Orange. Für diese Farben gelten wieder die in der Tabelle angegebenen zahlenmäßigen Ausdrücke. Für die Farbe Dunkelblau gelten z. B. die Formeln $R_{60}G_{60}B_{100}$, $R_{80}G_{80}B_{100}$ u. s. f. Es gibt jedoch auch Nuancen von Dunkelblau, welche nicht in der Blau-Schwarz-Orange-Serie sich befinden, und für die folgende Formeln gelten: $R_{60}G_{70}B_{90}$, $R_{50}G_{80}B_{100}$, $R_{80}G_{60}B_{100}$. Je mehr die drei Grundfarben einzeln der Zahl 100 sich nähern, um so dunkler ist die entstehende trikolore Mischfarbe. Sobald jede der drei Grundfarben 100 Kolore per qcm enthält, ist das Resultat der Mischung die Farbe Schwarz. Wenn wir nunmehr auf die ursprünglichen Farbengleichungen der drei bikoloren und der drei trikoloren Farbenserien zurückkommen, so sind wir jetzt imstande, diese Farbengleichungen quantitativ genau zu präzisieren. Wir haben früher folgende Gleichungen konstatiert:

$$\text{Rot} + \text{Gelb} = \text{Orange,}$$
$$\text{Gelb} + \text{Blau} = \text{Grün,}$$
$$\text{Rot} + \text{Blau} = \text{Violett.}$$

Wir können nun diese Beziehungen genauer feststellen durch folgende Formeln:

$$R_{100} + G_{100} = R_{100}G_{100}$$
$$G_{100} + B_{100} = G_{100}B_{100}$$
$$R_{100} + B_{100} = R_{100}B_{100}.$$

Das Resultat der trikoloren Farbenserien läßt sich ebenfalls nunmehr quantitativ genau darstellen. Die früher schon erhaltenen Gleichungen, nämlich

$$\text{Rot} + \text{Grün} = \text{Schwarz,}$$
$$\text{Gelb} + \text{Violett} = \text{Schwarz,}$$
$$\text{Blau} + \text{Orange} = \text{Schwarz}$$

lassen sich nunmehr schreiben in der Form

$$R_{100} + G_{100}B_{100} = R_{100}G_{100}B_{100},$$
$$G_{100} + R_{100}B_{100} = R_{100}G_{100}B_{100},$$
$$B_{100} + R_{100}G_{100} = R_{100}G_{100}B_{100}.$$

Der Übergang der drei trikoloren Serien in die Farbe Schwarz ist nun an Hand der Farbenformeln ohne weiteres vollkommen verständlich. Die Erkenntnis der quantitativen Zusammensetzung der bikoloren und trikoloren Mischfarben ist für das Verständnis aller Farbenmischungsvorgänge von höchster Bedeutung. Im nachfolgenden sollen einige Beispiele gegeben werden, wie durch die Erkenntnis der Formel einer bestimmten Mischfarbe sich diese Mischfarbe ohne jeden weiteren Vorversuch durch theoretische Berechnung herstellen läßt.

Will man beispielsweise ein bestimmtes Bordeaux von der Formel $R_{100}G_{50}B_{50}$ erzeugen, so kann man zur Herstellung dieser Farbe verschiedene Farbmischungen anwenden. Es sei jedoch gleich von vornherein erwähnt, daß die hier angegebenen Mischungen nicht vom praktischen Gesichtspunkt aus in Betracht kommen, sondern nur zur Erklärung und Demonstration des Mischungsvorganges dienen sollen. Zur Herstellung der bordeauxroten Farbe kann man die Mischung der roten, gelben und blauen Grundfarbe verwenden. Mischt man z. B. 100 Teile Rot mit je 50 Teilen der gelben und der blauen Anilinfarblösung, so erhält man eine Mischung von der Farbe Bordeaux; dieser Vorgang wird ausgedrückt durch die Gleichung

$$R_{100} + G_{50} + B_{50} = R_{100}G_{50}B_{50}.$$

Die verlangte Farbe Bordeaux erhält man ebenfalls, wenn man 100 Teile Rot mit 50 Teilen einer satten grünen Farbe zur Mischung bringt gemäß der Gleichung

$$R_{100} + G_{50}B_{50} = R_{100}G_{50}B_{50}.$$

Eine weitere Möglichkeit der Gewinnung von Bordeaux liegt in der Mischung von 50 Teilen Orange mit 50 Teilen Violett; man erhält dann die Gleichung

$$R_{50}G_{50} + R_{50}B_{50} = R_{100}G_{50}B_{50}.$$

Weitere Mischungsmöglichkeiten, um dieselbe Bordeauxfarbe herzustellen, ergeben sich durch folgende Gleichungen:

$$R_{50} + G_{50} + R_{50}B_{50} = R_{100}G_{50}B_{50}$$
$$50 \text{ T. Rot} + 50 \text{ T. Gelb} + 50 \text{ T. Violett} = \text{Bordeaux,}$$

ebenso

$$R_{50} + R_{50}G_{50} + B_{50} = R_{100}G_{50}B_{50}$$
$$50 \text{ T. Rot} + 50 \text{ T. Orange} + 50 \text{ T. Blau} = \text{Bordeaux,}$$

ferner

$$R_{50} + R_{50}G_{50}B_{50} = R_{100}G_{50}B_{50}$$
$$50 \text{ T. Rot} + 50 \text{ T. Schwarz} = \text{Bordeaux.}$$

Alle diese Mischungen in der Praxis ausgeführt ergeben tatsächlich immer die Farbe Bordeaux.

Man ist, wie hieraus erkenntlich, imstande, diese Farbe aus der Mischung der verschiedenartigsten Farben herzustellen. Aus diesen Mischungen geht hervor, wie mannigfaltig die Herstellungsmöglichkeit einer bestimmten Mischfarbe ist. Man gewinnt durch diese Gleichungen und Formeln zum erstenmale einen tieferen Einblick in die theoretischen Vorgänge bei der Farbenmischung.

Die vorliegenden Beispiele zeigen, daß zur Erzeugung bestimmter Mischfarben durchaus nicht immer die drei Grundfarben verwendet werden müssen, sondern daß nach Analyse der Zusammensetzung anderer Farben, auch diese zur Mischung verwendet werden können. Die Variationsmöglichkeit der Farbenmischungen ist aus den Gleichungen vollkommen übersichtlich erkennbar. Es könnten noch mehrere derartige Beispiele angeführt werden, doch dürfte wohl die Variationsmöglichkeit der Herstellung einer bestimmten Mischfarbe aus verschiedenen Farbenkomponenten durch obige Beispiele klar ersichtlich gemacht sein. Es sollen hier nur noch zum besseren Verständnis der Farbenzusammensetzung einige Formeln für verschiedene trikolore Farben angegeben werden. Diese Farbenformeln umfassen nur einige der unendlich variationsfähigen Farbennuancen. Für die Farbe Braun können wir folgende Formeln angeben:

$$\text{Braun} \begin{cases} R_{60}G_{100}B_{30} = \text{Gelbbraun,} \\ R_{80}G_{80}B_{30} = \text{Rotbraun,} \\ R_{50}G_{100}B_{70} = \text{Tabakbraun,} \\ R_{90}G_{100}B_{90} = \text{Schwarzbraun.} \end{cases}$$

Für die Farbe Grau können wir folgende Farbennuancen durch Formeln angeben:

$$\text{Grau} \begin{cases} R_{10}G_{10}B_{10} = \text{Lichtgrau,} \\ R_{30}G_{40}B_{30} = \text{Mittelgrau,} \\ R_{30}G_{30}B_{50} = \text{Blaugrau,} \\ R_{80}G_{80}B_{80} = \text{Dunkelgrau.} \end{cases}$$

Die Farbennuancen der Farbe Bordeaux lassen sich angeben durch die Formeln

$$\text{Bordeaux} \begin{cases} R_{80}G_{25}B_{40} = \text{Purpur,} \\ R_{100}G_{25}B_{35} = \text{Hellbordeaux,} \\ R_{100}G_{60}B_{60} = \text{Dunkelbordeaux,} \\ R_{100}G_{90}B_{90} = \text{Rotschwarz.} \end{cases}$$

Auf den praktischen Wert der theoretischen Berechnung von Farbenmischungen durch vorangehende analytische Untersuchung der Farben wird noch später ausführlich eingegangen werden. Die hier dargestellten Farbenformeln, welche sich auf Grund der Farbennomenklatur ergaben, besitzen in erster Linie theoretischen Wert und sollen dazu dienen, einen tieferen Einblick in die Farbenmischungsvorgänge zu geben, als es bisher möglich war.

Als ein interessanter Apparat, mittelst welchem man imstande ist, die Zusammensetzung von Körperfarben, in Bezug auf die drei Grundfarben zu bestimmen, ist der sog. „Farbenanalysator" erwähnenswert, welcher von Ferd. J. Kallab in Offenbach a. Main hergestellt wird.

II. Praktische Farbenmischungslehre.

Fünftes Kapitel

Die Herstellung von Mischfarben.

Aus den im ersten Teil des Buches ausgeführten Untersuchungen über das Wesen der Farbenmischung von Körperfarben ist hervorgegangen, daß alle uns bekannten Farbennuancen aus Mischung von zwei oder drei Grundfarben hergestellt werden können. Mit Hilfe einer großen Anzahl von Farbenmischungsversuchen wurden sämtliche Farbentöne mittelst der drei Grundfarben hergestellt. Durch das Dreifarbensystem ist es also möglich, zu einer Synthese aller Farbennuancen zu gelangen.

Wie nun bekannt ist, stellt die Praxis dem Koloristen eine außerordentlich große Anzahl von Anilinfarbstoffen zur Verfügung, welche als einheitliche chemische Verbindungen bestimmte Farbennuancen besitzen. Fast alle Farbengruppen der Farbenfabrikation besitzen chemisch einheitlich zusammengesetzte Farbstoffe sämtlicher Farbentöne von den Farben Rot, Gelb und Blau über alle Zwischennuancen bis zu Dunkelbraun, Oliv und Schwarz. Dem praktisch arbeitenden Koloristen stehen demnach zwei Wege offen, bestimmte Farbentöne herzustellen. Der erste und bereits ausführlich beschriebene Weg ist die Synthese der Farbenmischung aus den Körperfarben, der zweite und praktisch viel einfacher zugängliche ist die Verwendung chemisch einheitlich zusammengesetzter Anilinfarbstoffe, welche die erwünschte Farbennuance vor aller Mischung bereits besitzen. Die Anwendung einheitlicher Farbstoffe an Stelle des Verfahrens der Farbenmischung ist bekanntlich in der Praxis eine allgemein übliche. Es ist natürlich, daß man, um z. B. ein dunkles Braun herzustellen, nicht eine Mischung von Rot, Gelb und Blau verwenden, sondern einen geeigneten braunen Anilinfarbstoff vorziehen wird; ebensowenig wird man für einen Anilinfarbstoff von der Farbe Bordeaux, Dunkelblau oder Schwarz zu einer Mischung der drei Grundfarben greifen. Die Praxis lehrt uns also, daß die Anwendung einheitlicher Anilinfarbstoffe dem Verfahren der Farbenmischung unter gewissen Umständen vorzuziehen ist. Die Anilinfarbstoffe umfassen wohl die wichtigsten aller uns bekannten Farbennuancen, es ist aber, wie ja bei der unendlichen Möglichkeit der Farbenbildung vorauszusehen, praktisch nicht ausführbar, sämtliche Zwischennuancen als einheitliche Farbstoffe herzustellen. Es ergeben sich in den Tabellen der Anilinfarbstoffe trotz aller Abstufungen noch immer sehr große Lücken von Nuancenreihen, die in der Praxis dringend einer Ausfüllung bedürfen. Für solche Fälle, wo die Praxis dem Koloristen nicht eine genügende Anzahl wertvoller Farbstoffe an die Hand gibt, um sämtliche Farbennuancen herzustellen, läßt sich die Anwendung von Mischfarben nicht vermeiden. Neben der Anwendung chemisch einheitlich zusammengesetzter Anilinfarbstoffe ist daher der Kolorist in vielen Fällen zur Herstellung von gewissen Farbennuancen darauf angewiesen, sich der Mischung zweier oder dreier Grundfarbstoffe oder einer solchen von Grundfarbstoffen mit bikoloren oder trikoloren Farben zu bedienen. Um nun an Stelle der bisher üblichen empirischen Farbenmischungsversuche eine von wissenschaftlichen Grundsätzen geleitete Arbeitsmethode gewinnen zu können, war es notwendig, die Vor- und Nachteile der Farbenmischung aus den drei Grundfarbstoffen gegenüber der Anwendung chemisch einheitlicher Anilinfarbstoffe genau zu untersuchen. Zu diesem Zwecke wurde von mir im Verein mit mehreren Koloristen eine große Anzahl vergleichender Farbenuntersuchungen mit substantiven und basischen Anilinfarbstoffen ausgeführt, über welche im nachfolgenden ausführlich berichtet wird. Bevor wir jedoch auf diese Untersuchungen näher eingehen, müssen wir zuerst einige Details über das Wägen und Auflösen von Anilinfarbstoffen vorausschicken.

Zum Wägen der Anilinfarbstoffe kann man sich gewöhnlicher Wagen mit Messingschalen bedienen; handelt es sich um größere Farbenquantitäten, so wird eine breite, schwere Wage entsprechend sein. Für kleine Quantitäten bis ca. 300 g verwendet man in zweckentsprechender Weise eine Farbenwage nach Fig. 17.

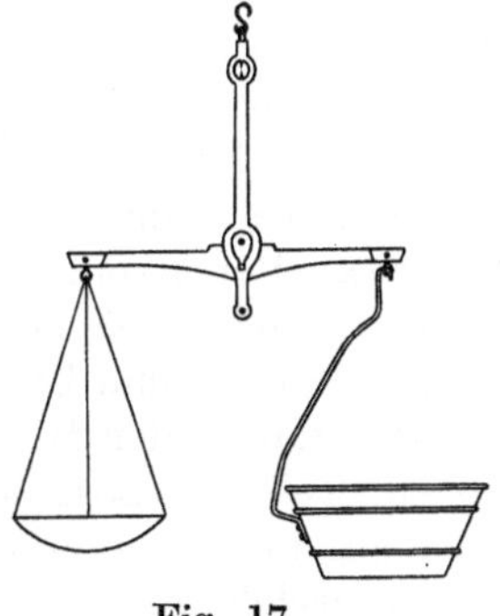

Fig. 17.

Diese Wage unterscheidet sich von den gewöhnlichen Wagen dadurch, daß die eine Schale an einem mit einem Ring versehenen, hakenförmig gebogenen Messingarm angebracht ist. Diese Wagschale, welche zur Aufnahme des Farbstoffes bestimmt ist, besitzt eine tiefe Einmuldung und paßt genau in den Ring des Messingarmes. Die Schale ist nach dem Anfüllen mit Farbstoffen aushebbar und gestattet, den Farbstoff ohne Umleeren direkt in das Lösegefäß einzuschütten. Die andere Wagschale ist zur Aufnahme von Gewichten bestimmt; in ihrer sonstigen Ausführung unterscheidet sich diese Wage nicht von den allgemein gebräuchlichen Wagen gleicher Größe. Soll nun aus verschiedenen Anilinfarbstoffen eine Farbenmischung bereitet werden, so kann man mit Hilfe der vorstehend beschriebenen Farbenwage die Farbenmischung während des Wägens erzeugen. Man wägt in der Schale zuerst ein bestimmtes Quantum eines Farbstoffes ab, vermehrt dann die Gewichte und schichtet auf dem ersten Farbstoffe die vorgeschriebene Menge des zweiten auf. Durch weitere Vermehrung der Gewichte ist man imstande, eventuell auch noch einen dritten Farbstoff in der Wage abzuwiegen, und hat nunmehr eine Mischung dreier Anilinfarbstoffe in der Schale vereinigt, von denen jeder einzelne genau gewogen ist. Es gibt jedoch auch Fälle, in denen die Farbenmischung nicht direkt auf der Wage vorgenommen werden kann, weil gewisse Eigenschaften der Farbstoffe eine gemeinsame Auflösung nicht möglich machen. Ein solcher Farbstoff, welcher beispielsweise nicht in gemeinsamer Mischung mit anderen Farbstoffen aufgelöst werden kann, ist der basische Farbstoff Auramin; dieser verträgt beim Lösen keine höheren Temperaturen als 50—60 ^{0} C, während in der Regel alle anderen Farbstoffe kochend aufgelöst werden. Man muß daher, wenn man mit dem genannten Farbstoff arbeitet, denselben separat abwiegen, einzeln auflösen und die anderen zur Mischung nötigen Farbstoffe ebenfalls getrennt abwiegen und auflösen.

Das Auflösen der Farbstoffe geschieht gewöhnlich in Kupfergeschirren, in welchen sich heißes Wasser befindet. Die zur Auflösung des Farbstoffes verwendete Flüssigkeitsmenge beträgt ungefähr das 20 fache vom Gewichte des Farbstoffes oder der Farbenmischung. Das Lösen des Anilinfarbstoffes erfolgt in der Regel kochend durch Einblasen von Dampf. Es ist besonderes Gewicht auf ein sehr sorgfältiges Auflösen zu legen, weil nur durch eine sehr gründliche Lösung der Farbstoffe eine wirklich vollkommene Farbenmischung erzielt werden kann. Die Farblösung ist womöglich stets sofort nach dem Aufkochen anzuwenden, weil sich häufig beim Erkalten einige Anilinfarbstoffe wieder ausscheiden. Die Anwendung der farbigen Lösung erfolgt in der Regel in der Weise, daß ein Teil der Lösung in ein kochendes Wasserbad geschüttet wird und dann in diesem Farbenbad die Färbung vorgenommen wird. Die Zusätze, welche bei Anwendung gewisser Anilinfarbstoffe in das Farbenbad zu machen sind, richtet sich jeweils nach der Farbengruppe, welcher diese Farbstoffe angehören. Über die Art dieser Zusätze erhält man aus den Farbenkarten für den betreffenden Farbstoff genauen Aufschluß. Zur Herstellung einer Farbenmischung sind gewöhnlich nur Farbstoffe ein und derselben Gruppe anzuwenden. Das Zuschütten anderer, z. B. basischer Farbstoffe in die Mischung substantiver Farbstoffe ist in der

Regel nicht statthaft und führt manchmal zu chemischen Reaktionen der einzelnen in der Mischung befindlichen Anilinfarbstoffe, wodurch das Farbenmischungsresultat störend beeinflußt wird.

Zur Prüfung der wichtigen Frage, ob zur Herstellung bestimmter Farbennuancen chemisch einheitlich zusammengesetzte Anilinfarbstoffe oder Mischungen aus den drei Grundfarben, welche als Grundfarbstoffe zu gelten haben, anzuwenden sind, wurde von mir eine große Anzahl vergleichender Untersuchungen ausgeführt; hierzu standen folgende Farbstoffe in Verwendung:[1]

Naphtamindirektschwarz	FF	(Kalle & Cie)
Naphtaminschwarz	RE	(Kalle & Cie)
Naphtaminblau	G	(Kalle & Cie)
Diaminreinblau	FF	(Casella)
Erica	GN	(Berlin)
Benzopurpurin	4 B	(Beyer)
Benzopurpurin	10 B	(Beyer)
Congo-Orange	G	(Beyer)
Diaminviolett	N	(Casella)
Naphtamingrün	W	(Kalle & Cie)
Chrysophenin	G	(Beyer)
Benzobraun	G	(Beyer).

Von den zur Untersuchung gelangenden Farbstoffen wurden zuerst Stammlösungen hergestellt. Es wurde je nach der Ausgiebigkeit des Farbstoffes $\frac{1}{2}$—1 g Farbstoff abgewogen, in einer entsprechenden Menge kochenden Wassers aufgelöst und eine Meßflasche mit dieser Lösung auf 1 l aufgefüllt. Die Lösung wurde alsdann gut durchgeschüttelt und im verschlossenem finsteren Raum aufbewahrt. Zur Abmessung der für die Herstellung von Mischfarben notwendigen Menge von Farblösungen wurden Büretten von 50 ccm Inhalt verwendet. In jede Bürette wurde die Stammlösung eines Anilinfarbstoffes eingefüllt. Unterhalb der Büretten waren Porzellanschalen angeordnet, in welche man die abgemessene Menge der Farbstoffflüssigkeit einfließen ließ. Nach dem Einfließen der Anilinfarbstoffe von der Bürette in die Porzellanschalen wurde dieser Farbstoff mit einer gemessenen Menge destillierten Wassers verdünnt, und nun unter Zusatz von 10 ccm Sodalösung (1 : 20) bei einer genau gegebenen Temperatur von 40 ° C eine Ausfärbung vorgenommen. Die gesamte Flüssigkeitsmenge der in der Porzellanschale befindlichen Farbenmischung betrug stets 250 ccm; als Färbezeit für jeden einzelnen Versuch wurden zwei Minuten genau eingehalten. Die Färbe-

---

[1] Siehe Berichte der „Industriellen Gesellschaft von Mühlhausen":
„Colorants immédiats et colorants basiques". Pli cacheté vom 5. Juni 1908 von Karl Mayer. „Reproduction des toutes les nuances au moyen d'un mélange de trois couleurs choisies spécialemeut dans chacune de ces deux classes de colorants."

bedingungen, unter welchen die vergleichenden Färbeuntersuchungen ausgeführt wurden, waren für sämtliche hier angegebenen Farbstoffe die gleichen, und wurde für eine genaue, gleichmäßige Einhaltung derselben bei jedem einzelnen Versuch Sorge getragen. Diese Färbebedingungen wurden im Interesse einer glatten Durchführung der großen Anzahl von Färbungen in sehr einfacher Weise gewählt und bewährten sich sehr gut. Die Ausführung selbst wurde auf gebleichtem Kattun von einem Ausmaße von je 15 cm im Quadrate vorgenommen.

Zuerst wurden Ausfärbungen der drei als Grundfarbstoffe verwendeten roten, gelben und blauen Anilinfarbstoffen hergestellt. Es wurden Färbungen mittelst der Farbstoffe Erica (Tafel 4, No. 1), Chrysophenin (Tafel 4, No. 2) und Diaminreinblau (Tafel 4, No. 3) unter Einhaltung der gegebenen Färbebedingungen vorgenommen. Die Färbungen wurden in einer sehr verdünnten Lösung ausgeführt und ergaben ein lebhaftes Rosa, Hellgelb und Lichtblau. Nunmehr wurde eine Ausfärbung mit der Stammlösung des Farbstoffes Naphtamindirektschwarz FF vorgenommen (siehe Tafel 4, No. 5). Es ergab sich bei der Ausfärbung die Farbe Mittelgrau. Über den Farbenverbrauch bei jeder einzelnen Ausfärbung wurde ein genaues Protokoll geführt. Es handelte sich jetzt darum, einen Aufschluß zu gewinnen über die Ergiebigkeit einer Mischung von Erica, Chrysophenin und Diaminreinblau, das ist also einer Mischung von den als Grundfarbstoffe fungierenden roten, gelben und blauen Farbstoffen, gegenüber der Anwendung von Naphtamindirektschwarz, das ist eines schwarzen Farbstoffes, welcher in Form einer chemisch einheitlichen Verbindung sämtliche drei Grundfarben in sich enthält. Zu diesem Zwecke wurde eine vergleichende Farbenuntersuchung zwischen der Mischung der roten, gelben und blauen Anilinfarben (siehe Tafel 4, No. 1, 2 und 3) und dem einheitlichen schwarzen Anilinfarbstoff (Tafel 4, No. 5) vorgenommen. Zahlreiche, mittelst Erica, Chrysophenin und Diaminreinblau empirisch ausgeführte Mischungsversuche ergaben bei nachfolgenden Ausfärbungen Nuancen, welche je nach den Zusätzen der einzelnen drei Farbstoffe derjenigen des aufgetragenen schwarzen einheitlichen Farbstoffes mehr oder weniger ähnlich waren. Diese Mischungsversuche wurden solange fortgesetzt, bis die Farbgleichheit der Mischung der drei Grundfarben mit der Nuance des schwarzen Anilinfarbstoffes eine nahezu vollkommene war (siehe Tafel 4, No. 6). Alsdann wurde der Farbenverbrauch jeder der drei Grundfarben bei der Mischung an den Büretten abgelesen; dieser Farbenverbrauch, in g ausgedrückt, ergibt folgende Gleichung:

$$245 \text{ g Erica} + 214 \text{ g Chrysophenin} \atop + 1033{,}5 \text{ g Diaminreinblau} \Big\} = 100 \text{ g Naphtamindirektschwarz.}$$

Diese Gleichung ist sehr lehrreich, denn sie liefert einen zahlenmäßigen Ausdruck für den Farbenverbrauch, welcher sich aus der

Mischung von Grundfarben gegenüber einem einheitlichen Farbstoff ergibt (siehe Tafel 4, No. 5 u. 6). Die Größe des Farbenverbrauchs namentlich an Diaminreinblau ist eine überraschend hohe und zeigt auf den ersten Blick, daß diese Mischung der drei Grundfarben als ein geeigneter Ersatz für den schwarzen Anilinfarbstoff praktisch nicht angewendet werden kann.

An Stelle des gewählten blauen Anilinfarbstoffes wurde nunmehr ein anderer, nämlich Naphtaminblau G, als blauer Grundfarbstoff angewendet (Tafel 4, No. 4). Es wurde eine Mischung von Erica, Chrysophenin und Naphtaminblau hergestellt und in empirischer Weise versucht, mit Hilfe dieser Mischungen eine Farbengleichheit zwischen der Nuance der aus den drei Grundfarben entstandenen Mischfarbe und der Ausfärbung des einheitlichen schwarzen Anilinfarbstoffes Naphtamindirektschwarz FF herzustellen (Tafel 4, No. 7). Als dieses Ziel, eine annähernd gleiche Nuance zu erzeugen, erreicht war, wurde der Farbenverbrauch der drei Grundfarben an den Büretten abgelesen (Tafel 4, No. 5 und 7) und es ergab sich die Gleichung

$$\left. \begin{array}{l} \text{96,1 g Erica} + \text{134 g Chrysophenin} \\ \quad + \text{432 g Naphtaminblau G} \end{array} \right\} = 100 \text{ g Naphtamindirektschwarz}$$

Diese Gleichung zeigt einen geringeren Farbenverbrauch an den drei Grundfarben, namentlich an der blauen Grundfarbe als die vorangehende Gleichung. Es ist naheliegend, den geringeren Farbenverbrauch an blauem Farbstoff darauf zurückzuführen, daß die Nuance des als blaue Grundfarbe verwandten Anilinfarbstoffes nicht jenen hohen Reinheitsgrad besaß, als dies früher bei Diaminreinblau FF der Fall war. Um für diese Annahme eine weitere Bestätigung zu finden, wurden nunmehr Farbenmischungsversuche vorgenommen, bei welchen an Stelle des Naphtaminblau G der Farbstoff Naphtaminschwarz RE angewendet wurde, es ist dies ein trüber, dunkelblauer Anilinfarbstoff. Die vergleichenden Färbeuntersuchungen zwischen der Mischung von Erica, Chrysophenin und Naphtaminschwarz RE und der einheitlichen Farbe Naphtamindirektschwarz FF lieferten folgendes Resultat:

$$\left. \begin{array}{l} \text{28 g Erica} + \text{54 g Chrysophenin} \\ + \text{288 g Naphtaminschwarz RE} \end{array} \right\} = 100 \text{ g Naphtamindirektschwarz FF}$$

Gegenüber den beiden früheren Gleichungen ist eine weitere Farbenabnahme der drei Grundfarben zu konstatieren. Mit der zunehmenden Trübung der Nuance eines der drei Grundfarbstoffe ist eine Abnahme des Farbenverbrauchs bei der Herstellung einer der Farbe Schwarz ähnlichen Mischfarbe verbunden. Die früheren Gleichungen, nämlich

245 Erica + 214 Chrysophenin + 1033,5 Diaminreinblau = 100 Naphtamindirektschwarz FF (Tafel 4, No. 5 u. 6),

96,1 Erica + 134 Chrysophenin + 432 Naphtaminblau G = 100 Naphtamindirektschwarz FF (Tafel 4, No. 5 u. 7)

lassen sich in eine Gleichung zusammenziehen, wie folgt:

$$245 \text{ g Erica} + 214 \text{ g Chrysophenin} + 1033{,}5 \text{ Diaminreinblau}$$
$$= 96{,}1 \text{ g Erica} + 134 \text{ g Chrysophenin} + 432 \text{ Naphtaminblau G.}$$

In dieser Gleichung lassen sich folgende Reduktionen vornehmen:

$$432 \text{ g Naphtaminblau G} = \begin{cases} 1033{,}5 \text{ Diaminreinblau} \\ + \ 214 \text{ g Chrysophenin} - 134 \text{ g Chrysophenin} \\ + \ 245 \text{ g Erica} \qquad - 96{,}1 \text{ g Erica} \end{cases}$$

$$432 \text{ g Naphtaminblau G}$$
$$= 1033{,}5 \text{ g Diaminreinblau} + 80 \text{ g Chrysophenin} + 148{,}9 \text{ g Erica.}$$

Auf 100 g umgerechnet, ergibt sich folgende Gleichung:

$$100 \text{ g Naphtaminblau G}$$
$$= 239{,}2 \text{ g Diaminreinblau} + 18{,}5 \text{ g Chrysophenin} + 34{,}5 \text{ g Erica.}$$

Diese Gleichung zeigt, daß tatsächlich, wie ursprünglich angenommen, die Farbe Naphtaminblau eine von der Grundfarbe das Diaminreinblau's weit abweichende Nuance besitzt und einen großen Gehalt an roten und gelben Grundfarbstoffen aufweist. Um diese rechnungsmäßig festgestellten Tatsachen auch experimentell nachzuweisen, wurden nunmehr vergleichende Färbeuntersuchungen aus Mischungen von Erica, Chrysophenin und Diaminreinblau einerseits und einer einheitlichen Ausfärbung von Naphtaminblau vorgenommen. Es ergab sich, nachdem eine Gleichheit der Nuancen annähernd erreicht war, folgendes Resultat:

$$100 \text{ g Naphtaminblau G}$$
$$= 239 \text{ g Diaminreinblau} + 18 \text{ g Chrysophenin} + 34{,}7 \text{ g Erica.}$$

Die praktisch ermittelte Gleichung stimmt mit der durch Rechnung festgestellten nahezu vollkommen überein und zeigt nur in den Dezimalstellen kleine Abweichungen. Dieses Beispiel der Herstellung eines Farbentones durch Berechnung aus anderen Farbenmischungen zeigt schon deutlich, wie sehr bei der Auffindung von Gesetzmäßigkeiten bei der Farbenmischung und durch Feststellung von Zahlen, die Herstellung von Farbenmischungen vereinfacht werden kann. Es ist hier gezeigt worden, daß an Stelle einer rein empirischen Farbenmischung auch rechnungsmäßig eine Mischungsmethode treten kann. Auf diese praktisch sehr wertvolle Tatsache ist noch Gelegenheit an anderer Stelle zurückzukommen.

Nunmehr wurde eine große Anzahl vergleichender Färbeuntersuchungen mit verschiedenen substantiven Farbstoffen und einer Mischung von Erica, Chrysophenin und Diaminreinblau vorgenommen. Die Untersuchung von Naphtamingrün W mittelst der Mischung der drei roten, gelben und blauen Grundfarbstoffe ergaben folgende Gleichung:

$$100 \text{ g Naphtamingrün W}$$
$$= 264 \text{ g Diaminreinblau} + 112 \text{ g Chrysophenin} + 32 \text{ g Erica.}$$

Die Untersuchung von Diaminviolett mit Hilfe der drei Grundfarbstoffe ergab, daß zur Herstellung des Farbentones von Diaminviolett die gelbe Grundfarbe nicht notwendig ist; es ergibt sich hierfür die Gleichung:

100 g Diaminviolett N = 121 g Erica + 105 g Diaminreinblau.

Für Benzopurpurin 10 B erhält man analogerweise das Resultat

100 g Benzopurpurin 10 B = 500 g Erica + 40 g Diaminreinblau.

Ferner ergab sich bei Untersuchung der Farbe Benzobraun G durch Farbenmischung von Erica, Chrysophenin, Diaminreinblau und Vergleichung der beiderseitigen Nuancen:

100 g Benzobraun G
= 208 g Erica + 176 g Chrysophenin + 40 g Diaminreinblau.

Es wurde noch eine große Anzahl von Gleichungen mit verschiedenen Farbstoffen ausgearbeitet, welche sämtlich das Resultat ergaben, daß die Mischung der drei Grundfarben einen bedeutend höheren Farbenverbrauch notwendig macht als die Anwendung eines einheitlichen Anilinfarbstoffes. Wie aus diesen Färbeuntersuchungen hervorgeht, haben die dunkeln Anilinfarbstoffe eine bedeutend größere Ausgiebigkeit als die Mischung der reinen Farbstoffe. Die vergleichenden Untersuchungen substantiver Farbstoffe geben einen sehr interessanten Aufschluß über die Mischungsmöglichkeit der verschiedenen Farbstoffe untereinander und über die Ausgiebigkeit eines jeden einzelnen derselben. Sie sind eine vorzügliche Schule zur Gewöhnung der Augen an eine scharfe Unterscheidung der einzelnen Farbennuancen und können zu Studienzwecken an Schulen bestens empfohlen werden. Es wurden ferner noch Versuche mit basischen Farbstoffen auf gebeiztem Kattun hergestellt. Zur Untersuchung gelangten die Farbstoffe

Methylenblau	BB	(Beyer)
Viktoriablau	R	(B. A. S. F.)
Methylviolett	6 B	(Geigy)
Methylviolett	V 3 D	(Kalle)
Methylviolett	5 R	(Geigy)
Rhodamin	6 G	(B. A. S. F.)
Auramin II		(B. A. S. F.)
Malachitgrün		(Kalle).

Die Färbebedingungen wurden der Natur der Farbstoffe entsprechend in der Weise abgeändert, daß bei einer Temperatur von 20 ⁰ C ohne jeden Salzzusatz gefärbt wurde. Die Beizung des Kattuns erfolgte in bekannter Weise mit Tannin und Brechweinstein. Es ergab sich, daß zur Herstellung des Farbentones von Methylviolett 6 B aus einer Mischung von Rhodamin 6 G und Methylenblau BB folgende Farbmengen notwendig sind.

100 g Methylviolett 6 B
= 937 g Rhodamin 6 G + 250 g Methylenblau BB.

Die meisten anderen basischen Farbstoffe besitzen einen so großen Reinheitsgrad, daß die Herstellung des Farbentones aus Mischungen zweier oder dreier Grundfarbstoffe nicht ohne weiteres möglich ist. Es muß in der Regel, um zu einer Vergleichung des Farbentones mit Hilfe der Mischung der Grundfarbstoffe gelangen zu können, die Nuance der zu suchenden Farbe abgetrübt werden. So ist z. B. zur Untersuchung der Farbe Malachitgrün notwendig, daß man dieser Farbe vor der Untersuchung den roten Farbstoff Rhodamin 6 G beimischt, aus demselben Grunde kann Viktoriablau R erst nach vorheriger Beimischung von Auramin II einer Untersuchung unterzogen werden usw. Die Untersuchung von Malachitgrün mittelst einer Mischung von Auramin II und Methylenblau BB führt zu folgender Gleichung:

$$100 \text{ g Malachitgrün} + 85 \text{ g Rhodamin 6 G}$$
$$= 89 \text{ g Auramin II} + 216 \text{ g Methylenblau BB.}$$

Die Untersuchung von Viktoriablau R mittelst einer Mischung von Rhodamin und Methylenblau ergibt das Resultat:

$$100 \text{ g Viktoriablau R} + 8{,}5 \text{ g Auramin II}$$
$$= 34 \text{ g Rhodamin 6 G} + 120 \text{ g Methylenblau BB.}$$

Außer den angegebenen Farbengleichungen wurde noch eine größere Anzahl derartiger Gleichungen ermittelt. Alle so erhaltenen Farbengleichungen führten ausnahmslos zu dem Ergebnis, daß die Farbenmischung der drei Grundfarben immer einen weit höheren Farbenverbrauch bedingt als die Anwendung chemisch einheitlicher dunkler Anilinfarbstoffe. Es wurde noch zur Prüfung des Ausgiebigkeitsverhältnisses zwischen substantiven und basischen Farbstoffen eine Reihe von Farbenmischungen und Farbenvergleichungen unter denselben vorgenommen; für die basischen Farbstoffe wurde die basische Färbemethode, für die direkten Farbstoffe die substantive Färbemethode angewendet.[1] Die Untersuchung der Farbe Erica GN durch Vergleich des Farbentones mit der Mischung der Farben Rhodamin 6 G, Auramin II und Methylenblau BB ergab die Gleichung:

$$100 \text{ g Erica GN}$$
$$= 7 \text{ g Rhodamin 6 G} + 1 \text{ g Auramin II} + 1 \text{ g Methylenblau BB.}$$

Nach dieser Gleichung ergibt sich bei Anwendung basischer Farbstoffe ein wesentlich geringerer Farbenverbrauch als bei der Anwendung der direkten Farbstoffe. Die Tatsache, daß der Farbenverbrauch der direkten Farbstoffe ein weit größerer ist als jener der basischen Farbstoffe, ist in der Praxis schon lange bekannt und vielfach berücksichtigt. Die Untersuchung von Kongo-Orange durch Vergleich mit einer Mischung

---

[1] Siehe Berichte der „Industriellen Gesellschaft von Mühlhausen“:
„Colorants immédiats et colorants basiques.“ Pli cacheté vom 19. Oktober 1908 von Karl Mayer.

von Rhodamin 6 G, Auramin II und Methylenblau BB ergab folgende
Gleichung:

$$100 \text{ g Kongo-Orange G}$$
$$= 10 \text{ g Rhodamin 6 G} + 20 \text{ g Auramin II} + 0,5 \text{ g Methylenblau BB};$$

auch hier gibt die Anwendung basischer Farbstoffe einen geringeren
Farbenverbrauch als bei einheitlichen substantiven Farbstoffen. Durch
weitere Untersuchungen über andere basische Farbstoffe wurden folgende
Gleichungen festgestellt:

$$100 \text{ g Chrysophenin G}$$
$$= 0,5 \text{ g Rhodamin 6 G} + 20 \text{ g Auramin II} + 0,2 \text{ g Methylenblau BB,}$$
$$100 \text{ g Naphtaminblau G}$$
$$= 5 \text{ g Rhodamin 6 G} + 6 \text{ g Auramin II} + 10 \text{ g Methylenblau BB,}$$
$$100 \text{ g Diaminreinblau FF}$$
$$= 3 \text{ g Rhodamin 6 G} + 3 \text{ g Auramin II} + 13 \text{ g Methylenblau BB,}$$
$$100 \text{ g Naphtamingrün W}$$
$$= 3 \text{ g Rhodamin 6 G} + 3 \text{ g Auramin II} + 10 \text{ g Methylenblau BB,}$$
$$100 \text{ g Diaminviolett N}$$
$$= 5 \text{ g Rhodamin 6 G} + 1 \text{ g Auramin II} + 3 \text{ g Methylenblau BB.}$$

Alle diese vergleichenden Farbenuntersuchungen zwischen substantiven und basischen Farbstoffen zeigen uns deutlich, daß der Farbenverbrauch bei Anwendung von substantiven Farbstoffen weit größer
ist als bei jener von basischen Farbstoffen. Die Anwendung der substantiven Farbstoffe bietet jedoch in praktischer Hinsicht so viele Vorteile, daß der Nachteil höheren Farbenverbrauches durch die mannig-
faltigen Vorteile der Anwendung dieser Farbstoffe vollkommen kom-
pensiert wird. Der Vergleich der Mischungsgleichungen der basischen roten,
gelben und blauen Farbstoffe mit den einheitlichen substantiven Farbstoffen lehrt auch, daß selbst die reinsten substantiven Farben große
Anteile von roten, gelben und blauen Farbkomponenten in sich enthalten.
So ist beispielsweise der Farbenton des Chrysophenin, welches eine
ziemlich große Farbenreinheit besitzt, mit einer Mischung von basischen
Farbstoffen nur dann herstellbar, wenn man der gelben Farbe des Aura-
mins noch Spuren der blauen und roten basischen Farbstoffe beimischt;
ebenso kann man den Farbenton der Farbe Erica nur dann herstellen,
wenn man die reine Rosa-Färbung des Rhodamins mit Spuren von Auramin und Methylenblau abtrübt. Es können analogerweise auch die
Farbentöne anderer substantiver Farbstoffe nur dadurch hergestellt
werden, daß die basischen Farbstoffe durch Zusätze von roten, gelben
und blauen Grundfarben abgetrübt werden. Man kann an den Büretten
den Grad der Trübung ablesen. So sind diese vergleichenden Färbeuntersuchungen auch als ein Maßstab für den Reinheitsgrad der substantiven Farbstoffe anzusehen. Durch die vergleichenden Färbeuntersuchungen ist nunmehr jener Einblick in die Farbenmischungs-

verhältnisse gewonnen worden, der notwendig ist, um den Wert der
Mischfarben gegenüber chemisch einheitlichen Anilinfarbstoffen zahlenmäßig beurteilen zu können. Auf Grund der vorangegangenen Untersuchungen kann die Herstellung dunkler Farbennuancen aus Mischungen
dreier Grundfarbstoffe praktisch nicht als durchführbar bezeichnet werden, weil mit Bereitung derartiger Farbenmischungen ein außerordentlich
großer Farbenverbrauch verbunden wäre. Eine solche Herstellung bietet
auch sonstige Nachteile, welche sich einerseits in der Kompliziertheit
der Mischungsmethode selbst, andererseits auch in der mangelhaften
Echtheit der so erzielten Farben äußert. Die Anwendung von Mischfarben
an Stelle chemisch einheitlicher Farbstoffe könnte nur in Betracht kommen
beim Ersetzen von substantiven Farbstoffen durch basische Farbstoffe.
Gegen die Anwendung derartiger Mischungen spricht jedoch die umständ-
liche Färbemethode und die Kompliziertheit des Arbeitsverfahrens. Die
vergleichenden Farbenuntersuchungen lassen keinen Zweifel darüber,
daß im allgemeinen die Anwendung chemisch einheitlicher Anilinfarbstoffe dem Verfahren der Farbenmischung aus den drei Grundfarben vorzuziehen ist. Die Praxis hat diese Tatsache schon lange erkannt, und so
gelangen daher in der Regel nur einheitliche Farbstoffe zur Anwendung.

Auch im Dreifarbendruck, welcher ja eine direkte Nutzanwendung
des Dreifarbensystems bildet, ist man schon vor einigen Jahren zu
der Erkenntnis gelangt, daß die Anwendung dreier roter, gelber und
blauer Druckplatten allein nicht immer zu den entsprechenden Farben-
resultaten führt. Es ist auch hier in Erkenntnis der praktischen Nachteile, welche eine Mischung der dunklen Farben aus den drei Grundfarben
mit sich bringt, zur Anwendung einer vierten Druckplatte geschritten
worden. So ist der Dreifarbendruck im Laufe der Zeit in den „Vierfarben-
druck" umgewandelt worden, indem neben die drei bisherigen Druckplatten noch eine vierte für die Farbe Schwarz getreten ist. Dieselbe
enthält die schwarzen Farbenanteile des Bildes in sich und verhilft so
der Farbwirkung der drei Grundfarben zu einem intensiveren Nachdruck.

Es ergibt sich somit aus den vorangehenden vergleichenden Färbeuntersuchungen, daß die Anwendung des Dreifarbensystems nicht darin
besteht, daß man die Mischfarben aus den drei Grundfarben herstellt,
sondern daß der praktische Wert dieses Systems darin zu suchen ist,
daß man mit Hilfe desselben imstande ist, alle Farbenmischungsvorgänge vollkommen aufzuklären, und daß dadurch an Stelle einer rein
empirischen Farbenmischungsmethode die Ausarbeitung einer auf wissenschaftlicher Grundlage beruhenden Mischungsmethode erfolgen kann.
Die Herstellung von Mischfarben aus den Grundfarben selbst wird nur
dann praktisch erscheinen, wenn keine einheitlichen chemischen Farbstoffe vorhanden sind, welche dem gewünschten Farbenton der Vorlage
entsprechen. In diesem Falle wird die Herstellung von Mischfarben auf
Grund des Dreifarbensystems großen praktischen Wert besitzen. Diese

Nutzanwendung des Dreifarbensystems wird im nächsten Kapitel noch ausführlicher besprochen.

Sechstes Kapitel.

Praktische Farbenanalyse und Farbensynthese.

Im theoretischen Teil des Buches sind verschiedene experimentelle Versuche über das Mischen von Licht- und Körperfarben angegeben worden. Im vorangehenden Kapitel wurde durch vergleichende Färbeuntersuchungen nachgewiesen, daß die Ausgiebigkeit chemisch einheitlicher Anilinfarbstoffe größer ist als jene von Mischungen dreier Körperfarben. Die Zusammenfassung dieser experimentellen Untersuchungen ermöglicht es nunmehr, jene wissenschaftliche Grundlage für das Mischen von Farbstoffen auszuarbeiten, welche einzig und allein ein rationelles Mischen möglich macht.

Die bisher usuellen Farbenmischungsmethoden entbehren jeder theoretischen Grundlage. Um bestimmte Farbennuancen zu erreichen, werden Farbstoffe, welche dieser Nuance ähnlich sind, aufgelöst und mit dieser Lösung Färbungen vorgenommen. Stimmt der Farbenton nicht genau, so wird durch Zuschütten verschiedener Nuancierungsfarbstoffe der Farbenton korrigiert. Die Korrektur des erhaltenen Farbentones wird solange fortgesetzt, bis die erreichte Farbennuance der erwünschten Vorlage entspricht. Die so auf rein empirische Weise erfolgende Ausarbeitung der Farbentöne erfordert oft außerordentlich viel Zeit und Geschicklichkeit. Es ist daher eine gründliche Kenntnis aller Farbstoffe die erste Grundbedingung, um überhaupt Farbentöne systematisch herzustellen. Das Nuancieren selbst gilt als eine besondere Kunst, welche nur durch jahrelange Übung erworben werden kann.

Die vorliegenden experimentellen Untersuchungen machen es nunmehr unmöglich, das Farbenmischen von einem viel eingehenderen Gesichtspunkt aus zu betrachten, als es bisher der Fall war. An Stelle rein empirischer Farbenmischungen tritt jetzt eine auf vorangehender Berechnung beruhende Farbenmischungsmethode, welche ohne jeden Vorversuch den gewünschten Farbenton zu liefern imstande ist. Der Vorgang, nach welchem Farbenmischungen nach bestimmten Vorlagen praktisch ausgeführt werden können, bildet den Gegenstand der nachstehenden Ausführungen.

Im zweiten Kapitel ist experimentell nachgewiesen worden, daß sämtliche uns bekannten Farbennuancen aus der Mischung der drei Grundfarbstoffe Rot, Gelb und Blau hergestellt werden können. Im vorangehenden Kapitel wurde gezeigt, daß die Herstellung von Mischfarben aus den drei Grundfarbstoffen eine unrationelle sei. Es wurde offenbar, daß an Stelle der drei Grundfarben mit Vorteil ein chemisch einheitlicher Anilinfarbstoff anzuwenden sei. Zur Herstellung bestimmter Farbennuancen kommen somit jene einheitlichen Anilinfarbstoffe in erster Linie in Betracht, welche den gewünschten Farbenton bereits besitzen. Bei der unendlich großen Anzahl von Farbennuancen ist es jedoch praktisch vollkommen unmöglich, für jeden einzelnen Farbenton einen eigenen Anilinfarbstoff anzuwenden, da zudem auch derartige Farbstoffe, welche sämtliche Farbennuancen umfassen würden, gar nicht vorhanden sind.

Um also bestimmte Farbennuancen herstellen zu können, ist es notwendig, einen Mittelweg zu finden welcher sowohl die Nutzanwendung der Farbenmischung aus den drei Grundfarbstoffen als auch jene der Anwendung chemischer einheitlicher Anilinfarben in sich vereinigt. Dieser Mittelweg besteht in einer Kombination der beiden genannten Methoden. Zur Herstellung einer bestimmten Farbenvorlage ist sowohl die Anwendung einheitlicher Anilinfarbstoffe als auch die Beimischnng von Grundfarbstoffen zu vereinigen. Der anzuwendende Anilinfarbstoff soll die Nuance der Farbenvorlage möglichst nahe erreichen; die Zusätze zu diesem Anilinfarbstoff bezwecken, die Nuancenabweichungen zwischen der Vorlage und der Anilinfarbe zu korrigieren. und bestehen aus ein oder zwei als Grundfarbstoffe fungierenden Anilinfarben. Je nach der mehr oder minder gut getroffenen Wahl des einheitlichen Anilinfarbstoffes können die notwendigen Zusätze kleinere oder größere sein und eventuell auch gänzlich entfallen. Jedenfalls aber gilt für die Nuancierung der chemisch einheitlichen Farbstoffe der gleiche Grundsatz, welcher im Dreifarbensystem aufgestellt wurde. Die Nuancierungsfarbstoffe fungieren in gleicher Weise wie die Grundfarben im Dreifarbensystem; sie haben nur den Zweck, die Nuancenabweichungen zu korrigieren. Aus der Kombination zwischen der Anwendung einheitlicher Anilinfarben und den Grundsätzen des Dreifarbensystems ergibt sich die praktische Farbenmischungslehre. Um die Herstellung bestimmter Farbentöne ohne jeden empirischen Vorversuch auf Grund vorheriger Berechnungen durchführen zu können, ist es notwendig, die Zusammensetzung dieser Farbentöne genau zu ermitteln. Zu diesem Zwecke ist die Ausarbeitung einer praktischen Farbenanalyse von größter Wichtigkeit.

Schon im Kapitel über das Dreifarbensystem wurde darauf hingewiesen, daß aus der Mischung der drei Grundfarbstoffe alle beliebigen Farbentöne hergestellt werden können. Mit Hilfe von Serien wurde eine große Anzahl von Nuancenreihen festgestellt, deren koloristische Zusammensetzung leicht zu ermitteln ist; das Dreifarbensystem bildet also die Grundlage zu einer sehr exakten Analyse von Körperfarben. Mittelst vergleichender Färbeuntersuchungen ist es möglich, alle bekannten Anilinfarben in drei Grundfarben zu zerlegen und zahlenmäßig festzustellen, in welcher Weise dieselben wieder aus den drei Grundfarbstoffen hergestellt werden können. Diese Zerlegung einheitlicher Anilinfarbstoffe führt, wie im vierten Kapitel des Buches gezeigt wurde, zu einer sehr instruktiven Farbennomenklatur; sie besitzt jed ch in praktischer Hinsicht nur geringen Wert. Es wäre überflüssig, die Farben Schwarz, Braun, Bordeaux usw. nach ihrer Zusammensetzung mit Hilfe der drei Grundfarbstoffe zu erforschen, da eine derartige Zusammensetzung dunkler Farben in der Praxis ausgeschlossen ist. Es ist deshalb für die praktische Farbenanalyse ein anderer Maßstab zu wählen als für die theoretischen Farbenuntersuchungen. Die praktische Farbenanalyse muß in erster Linie dem Grundsatz Rechnung tragen, daß die Anwendung chemisch einheitlicher Anilinfarbstoffe immer jener der Mischungen dreier Grundfarben vorzuziehen ist, und muß deshalb darauf hinzielen, die Farbenvorlagen in jene Farbstoffe zu zerlegen, aus deren Mischung sie in einfachster und rationellster Weise wiederhergestellt werden können. Soll beispielsweise die Farbe dunkelbordeaux hergestellt werden, so wird die praktische Farbenanalyse das gewünschte Dunkelbordeaux in jene Farbstoffe zerlegen, welche am leichtesten zu der gewünschten Nuance führen. Es wird also als Hauptfarbstoff ein bordeauxroter Anilinfarbstoff angewendet werden. Als Nuancierungsfarbstoffe werden hierzu nur jene Farbstoffe zugesetzt, welche zur Korrektur der Nuance notwendig sind. Weicht z. B. die Nuance des bordeauxroten Anilinfarbstoffes in der Weise von jener der Vorlage ab, daß letztere ein mehr violettartiges Aussehen besitzt, so wird die Korrektur in der Farbenmischung so erfolgen müssen, daß entweder rote und blaue Farbstoffe oder auch eine geeignete violette Farbe dem bordeauxroten Anilinfarbstoff beigesetzt wird. Durch diese Korrektur wird der Farbenton der Mischung in dem Sinne beeinflußt, daß er die Nuance der Farbenvorlage erreicht. Um nun die Farbenanalyse in einfacher Weise durchzuführen, ist die Anlage von Farbentabellen notwendig.

Die Farbentabellen müssen alle in Betracht kommenden Farbstoffmischungen umfassen und sie in einer derartig geordneten Weise unterbringen, daß das Nachschlagen einer bestimmten Farbennuance ohne Schwierigkeit möglich ist. Bevor aber an eine Beschreibung der in der Praxis anzuwendenden Farbentabellen geschritten wird, ist vorerst noch das praktisch usuelle Farbenmaß zu besprechen. Alle Anilinfarbstoffe enthalten die Farben in der Weise an die Materie gebunden, daß das Gewicht des Farbstoffes zugleich einem bestimmten Farbeninhalt entspricht. Wird z. B. 1 g eines bestimmten Farbstoffes abgewogen und alsdann gelöst, so ist die Lösung imstande, eine bestimmte koloristische Funktion hervorzubringen. Wird die ganze Lösung auf einer sehr kleinen Fläche ausgebreitet, so ist die koloristische Funktion des Farbstoffes eine sehr intensive; wird aber eine sehr große Fläche von dieser Lösung bedeckt, so entsteht nur eine sehr verdünnte Färbung, und die koloristische Funktion ist in diesem Falle eine abgeschwächte. Die Größe der Fläche, über welche eine gewogene Farbmenge verbreitet wird, ist deshalb für die Intensität der erzielten Färbung maßgebend. Um praktisch zu einem Farbenmaß zu gelangen, wird aus diesem Grunde sowohl das Gewicht des Farbstoffes einer Messung unterzogen, als auch die Menge des zu färbenden Materials genau bestimmt. Die Menge des letzteren läßt sich in einfachster Weise ebenfalls durch Gewichtsbestimmung messen. Wenn beispielsweise 1 kg Anilinfarbstoff auf 50 kg des zu färbenden Materials zur Anwendung gelangt, so ergibt sich aus diesem gegenseitigen Verhältnis ein gewisser Prozentsatz an Farbe, welcher die Intensität der erzielten Färbung bestimmt. An Stelle der prozentuellen Farbenangabe wird in der Praxis häufig das Gewichtsverhältnis des Farbstoffes in bezug auf das Gewicht des zu färbenden Materials angegeben.

Zur Herstellung von Farbentabellen ist ebenfalls das Farbstoffgewicht stets in bezug auf ein bestimmtes, sich gleichbleibendes Gewicht des Materials anzugeben. Als Grundeinteilung der Tabellen, welche sämtliche uns bekannten Farbennuancen umfassen sollen, werden die sieben Spektralfarben Rot, Orange, Gelb, Grün, Blau, Dunkelblau und Violett angenommen. Alle Zwischennuancen, welche sich von einer dieser Spektralfarben ableiten werden nunmehr in die Hauptgruppe der Spektralfarben eingeordnet. So finden sich in der Gruppe Rot alle Farbennuancen, welche die rote Farbkomponente in dominierender Menge enthalten. In die Gruppe Rot gehören die Farbstoffe Rosa, Sattrot, Bordeaux usw., in die Gruppe Grün die Farbstoffe Lichtgrün, Mittelgrün, Dunkelgrün, Oliv usw. Es bleiben nunmehr noch drei Farbengruppen übrig, welche sich in die Spektralfarben nicht einreihen lassen, nämlich die Farben Grau, Braun und Schwarz. Für praktische Zwecke empfiehlt es sich, die Farbentabellen noch um diese drei Gruppen zu vermehren, so daß sie folgende Farbengruppen umfassen:

1.	Rot,	6. Dunkelblau,
2.	Orange,	7. Violett,
3.	Gelb,	8. Grau,
4.	Grün,	9. Braun,
5.	Blau,	10. Schwarz.

Diese Farbgruppen bezeichnen die Farbennuancen nur nach ihren dominierenden Farbkomponenten. Um in dieselben bestimmte Farbentöne tabellarisch einreihen zu können, ist es noch notwendig, Untergruppen zu schaffen, innerhalb welcher die einzelnen Farbentöne genau präzisiert werden können. Die Schaffung derartiger Untergruppen in den Hauptgruppen erfolgt am einfachsten in der Weise, daß man jede Gruppe mit Ausnahme der Farbe Schwarz in helle, mittlere und dunkle Farbentöne einteilt; es ergibt sich somit für die rote Farbengruppe eine Untergruppierung in hellrote, mittelrote und dunkelrote Farbennuancen. Sind nun in den einzelnen Hauptgruppen die Untergruppen festgestellt, so ist es nicht mehr schwer, die bekannten Farbennuancen in geeigneter Weise einzuordnen. Zur genaueren Präzisierung der Farbentöne ist es noch empfehlenswert, jede Untergruppe in drei weitere Teile zu zerlegen und sie zu gliedern in rote, gelbe und blaue Farbennuancen. Wird z. B. die Untergruppe Hellrot in dieser Weise zergliedert, so ist es möglich, sämtliche Rosa-Farbentöne in genauester Präzisierung in die Teilgruppen einzuordnen. Durch die Zergliederung der Hauptgruppen in Untergruppen und Teilgruppen ist nunmehr ein praktischer Rahmen aufgestellt worden, in welchen man sämtliche bekannten Farbentöne in geeigneter Weise einordnen kann. Die Einteilung der Farbentabellen ist an folgendem Schema ersichtlich:

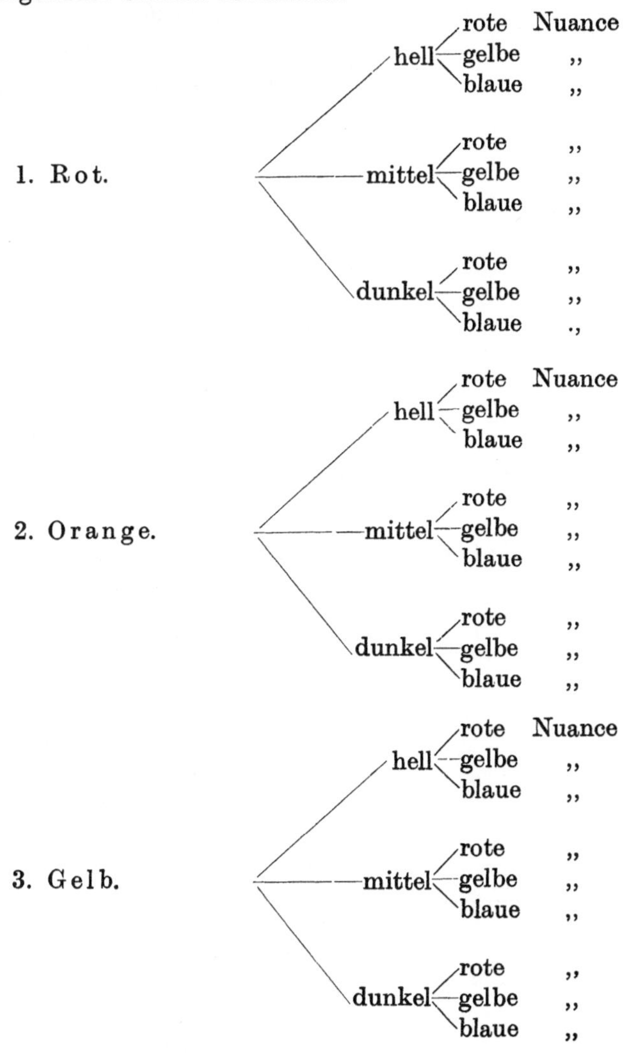

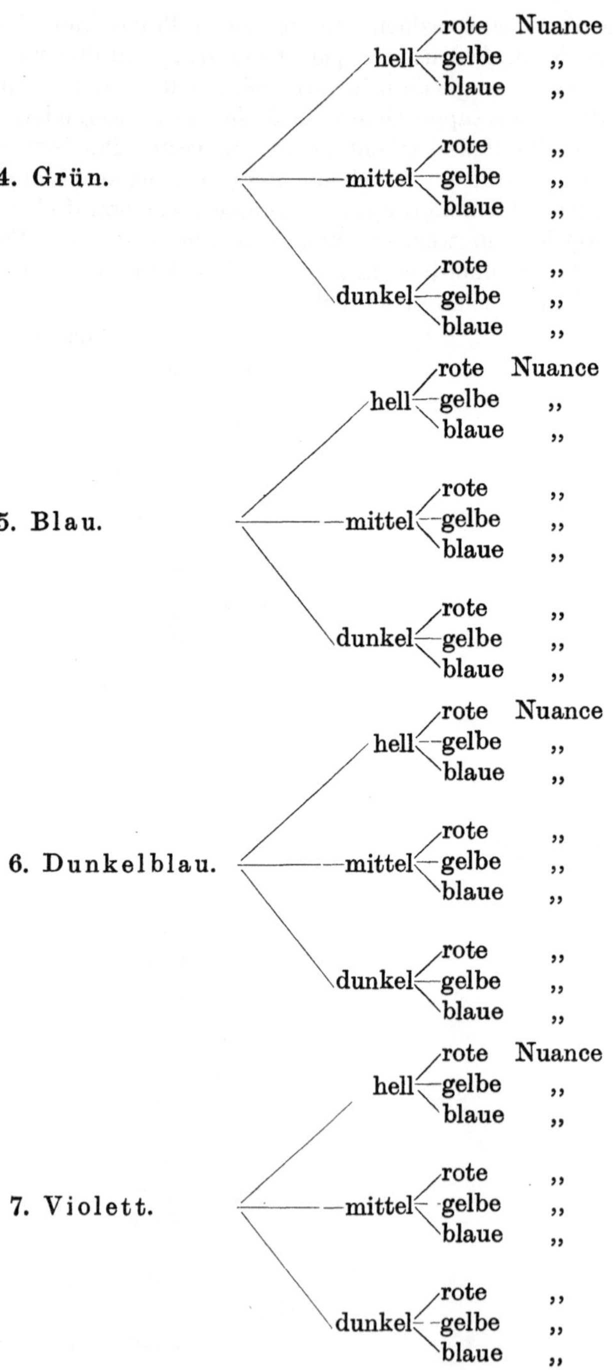
4. Grün.
hell
rote Nuance
gelbe „
blaue „
mittel
rote „
gelbe „
blaue „
dunkel
rote „
gelbe „
blaue „

5. Blau.
hell
rote Nuance
gelbe „
blaue „
mittel
rote „
gelbe „
blaue „
dunkel
rote „
gelbe „
blaue „

6. Dunkelblau.
hell
rote Nuance
gelbe „
blaue „
mittel
rote „
gelbe „
blaue „
dunkel
rote „
gelbe „
blaue „

7. Violett.
hell
rote Nuance
gelbe „
blaue „
mittel
rote „
gelbe „
blaue „
dunkel
rote „
gelbe „
blaue „

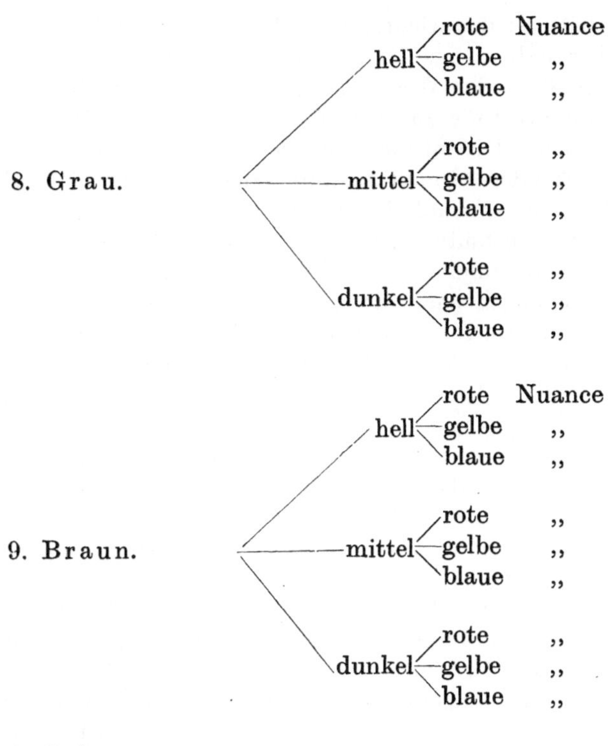

10. Schwarz. ————————

Nach dieser Einteilung lassen sich die Farbennuancen in sehr einfacher und übersichtlicher Weise einordnen. Zur Herstellung der Farbennuancen werden jene Anilinfarbstoffe verwendet, welche für den bestimmten Verwendungszweck entsprechend geeignet sind. Es werden mittelst gewogener Farbstoffmengen Stammlösungen bereitet, die unter Anwendung von Büretten in genau gemessenen Quantitäten zur Mischung gebracht werden. In diesen Mischungen werden alsdann auf gewogenem Material Ausfärbungen vorgenommen, welche einen bestimmten Aufschluß über die Zusammensetzung der erzielten Farbennuance ermöglichen. Die so erhaltenen Ausfärbungen werden sodann in die Farbentabelle in der entsprechenden Untereinteilung eingeordnet, sowie die Herstellungsweise der betreffenden Farbennuance in der Tabelle genau protokolliert. Stellt man nun eine sehr große Anzahl von Nuancen mit bekannter Zusammensetzung her und ordnet dieselben unter Angabe der Farbenzusammensetzung in die entsprechenden Stellen der Farbentabelle ein, so erhält man ein übersichtliches Schema über die Zusammensetzung gewisser Farbennuancen. Eine wohl geordnete, gut ausgefüllte Farbentabelle, welche praktisch wertvolle Farbenmischungsangaben enthält, ist das wichtigste Mittel zur Durchführung einer praktischen Farbenanalyse. Die Herstellung der in der Tabelle verzeichneten Farbentöne muß in der Weise erfolgen, daß womöglich chemisch einheitliche Anilinfarbstoffe zur Erzielung bestimmter Farbennuancen angewendet werden. Die Nuancierung der Farbentöne erfolgt durch Zusätze entsprechender Grundfarbstoffe oder geigneter Mischfarbstoffe. Es muß jedoch stets darauf Bedacht genommen werden, daß die Nuancierung in der Farbenmischung nur ein Hilfsmittel darstellt; die dominierende Farbe soll immer ein einheitlicher Anilinfarbstoff sein. Wenn die Farbenmischungen nach diesen Grundsätzen hergestellt und in die Farbentabelle eingeordnet werden, so gibt eine derartige komplette Tabelle vollkommenen Aufschluß über die Zusammensetzung bestimmter Farbentöne. Eine solche Farbentabelle enthält nicht nur die Farbennuancen als solche, sondern gestattet auch einen Einblick in die Gewichtsverhältnisse der einzelnen in der Mischung beteiligten Farbstoffe und gibt so ein Bild über die Farbmischungen, mittelst welcher eine bestimmte Farbennuance hergestellt werden kann.

Im vorangehenden Kapitel wurde gezeigt, daß man mittelst eines Vergleiches von Farbentönen imstande ist, die Zusammensetzung einer Farbenmischung zu ermitteln. Ist z. B. ein grauer Farbenton gegeben, so kann man diesen durch empirische Mischungsversuche mit roten, gelben und blauen Farbstoffen erreichen und erhält nun bestimmte Zahlen, welche die Mengenverhältnisse der zur Mischung verwendeten Farbstoffe angeben. Die vergleichende Farbenuntersuchung ermöglicht es also, die Zusammensetzung bestimmter Farbentöne durch Vergleich mit gegebenen bekannten Farbenmischungen zu ermitteln. Ist die Tabelle gut ausgearbeitet, so muß sie in einer der entsprechenden Untergruppen unbedingt einen Farbenton enthalten, welcher einer gegebenen Farbenvorlage entweder vollkommen gleich oder wenigstens doch sehr ähnlich ist. Ist der in der Tabelle gefundene Farbenton von der bestimmten Vorlage nur um kleine Spuren abweichend, so kann der Farbenton durch geringe Zusätze von Nuancierungsfarbstoffen entsprechend korrigiert werden. In der Praxis ist es leicht möglich, durch sukzessives Sammeln von Farbmustern Farbentabellen herzustellen. Man verwendet in diesem Falle nur Farbmuster, deren Zusammensetzung man praktisch erprobt hat, und ordnet sie nun in die entsprechenden Untergruppen der Tabelle ein. Durch entsprechende Kombination ist es nicht schwer, Zwischennuancen zwischen den gegebenen Farbenmustern und eventuell noch fehlenden Farbentönen genau zu ermitteln. Eine solche Farbentabelle gestattet daher eine vollkommen geeignete, praktische Farbenanalyse. Soll z. B. die Herstellung einer bestimmten hellgrauen Farbe ermittelt werden, so vergleicht man diese Farbenvorlage mit sämtlichen in der Tabelle enthaltenen hellgrauen, rötlichen, gelblichen oder blauen Farbennuancen. Besitzt z. B. die Vorlage ein blaugraues Aussehen, so wird sie unter den hellblaustichigen grauen Farbennuancen sehr leicht zu finden sein; besitzt sie ein gelb- oder rotgraues Aussehen, so findet sie sich unter den gelb- bzw. rotstichigen grauen Farbennuancen. In derselben Weise läßt sich auch durch bloße Farbenvergleichungen die praktische Analyse jedes beliebigen anderen Farbentones durchführen.

Ist man nun mit Hilfe der Tabelle in die Lage versetzt, nur durch Vergleich gegebener Farbenvorlagen eine Farbenanalyse auszuführen, so ist es nunmehr auch nicht schwer, einen gewünschten Farbenton durch Farbensynthese wiederherzustellen. Hat man in der Tabelle einen Farbenton gefunden, der der Farbenvorlage genau entspricht, so gibt die Beschreibung dieser Farbenuance einen Aufschluß darüber, mittelst welcher Mischung die Nuance hergestellt werden kann. Ist in der Tabelle beispielsweise ein helles Blaugrau hergestellt worden, indem 20 g eines schwarzen und 5 g eines blauen Anilinfarbstoffes gemischt wurden, so ist es klar, daß derselbe Farbenton mit der gleichen Mischung hergestellt werden kann. Diese in der Tabelle angegebenen Mischungsverhältniszahlen sind ohne weiteres anzuwenden, wenn es sich um das gleiche Gewichtsquantum an Färbegut handelt wie in der Färbetabelle. Ist jedoch die Färbung auf ein größeres oder kleineres Quantum herzustellen, so läßt sich das Quantum des Farbgewichtes durch einfache Umrechnung (Multiplikation oder Division) ermitteln. So ist z. B. nur die Hälfte des Gewichtes an Farbstoffen anzuwenden, wenn das zu behandelnde Färbegut nur die Hälfte des in der Tabelle angegebenen Gewichtes beträgt, auf welches sich die betreffenden Farbstoffgewichte beziehen.

Die Synthese bestimmter Farbentöne ist somit außerordentlich einfach und leicht durchführbar; notwendige Voraussetzung ist jedoch hierbei, daß eine exakt ausgearbeitete und zuverlässige Farbentabelle zur Verfügung steht. Zur Herstellung eines bestimmten Farbentones ist nichts weiter notwendig, als daß man die Farbenvorlage mit einer gleichen Farbennuance in der Tabelle vergleicht, sodann das gefundene Mischungsverhältnis auf das Quantum des zu färbenden Materials umrechnet und schließlich die dem richtigen Gewichte entsprechende Ausfärbung vornimmt. Wurde die Mischung genau den Angaben entsprechend hergestellt und stand eine sorgfältig ausgearbeitete Tabelle zur Verfügung, so muß die erzielte Farbe unter allen Umständen genau mit der Farbenvorlage übereinstimmen. Durch sechsjährige praktische Färbeversuche ist es mir möglich gewesen, mit Hilfe von Farbentabellen alle praktisch in Betracht kommenden Farbennuancen ohne jeden vorherigen Mischungsversuch durch bloße Berechnung genau auszuarbeiten und ist dieses Arbeitsverfahren praktisch außerordentlich empfehlenswert. Bei Bereitung von Farbmischungen durch Anwendung von Farbenanalyse und Farbensynthese wird dem Farbenmischungswesen eine wissenschaftliche Basis gegeben, welches es bisher vollkommen entbehrte. Es tritt an die Stelle einer bloßen Empirie ein exakter, auf vorheriger Berechnung und Farbenkombination beruhender Arbeitsgrundsatz. Die Herstellung der Mischfarben erfolgt nicht mehr wie bisher durch Zusammenmischen der Farbstoffe und sukzessives Nuancieren, bis der gewünschte Farbenton erreicht ist, sondern geschieht in der Weise, daß die Zusammensetzung der Farbmischung schon von vornherein festgestellt ist. Durch die Anwendung dieser koloristischen Grundsätze tritt eine große Arbeitsvereinfachung und Zeitersparnis ein.

Der Vergleich der durch experimentelle Untersuchungen gefundenen Resultate mit jenen, welche die Praxis im Laufe der Jahre durch empirische Erfahrungen gewonnen hat, zeigt in vieler Hinsicht eine überraschende Übereinstimmung. Durch die experimentellen Untersuchungen ist nachgewiesen worden, daß es zur Herstellung bestimmter Farbennuancen nur zwei Methoden gibt; nämlich einerseits die Anwendung chemisch einheitlicher Anilinfarbstoffe und andererseits die Herstellung von Mischungen aus den drei Grundfarbstoffen oder aus Farben, welchen diesen Grundfarbstoffen ähnlich sind. Es hat sich ergeben, daß die praktische Erzielung von Farbennuancen nur durch eine gemeinsame Kombination dieser beiden Methoden erfolgen kann. Stets muß die Anwendung einheitlicher Anilinfarbstoffe vorangehen; die Herstellung von Mischungen aus den drei Grundfarben hat praktisch immer nur den Zweck, die von dem einheitlichen Anilinfarbstoff erzielte Farbennuance der Farbenvorlage entsprechend zu korrigieren. Die experimentellen Untersuchungen führen demnach zu dem Endresultat, daß eine rationelle praktische Herstellung von Farbmischungen in der Weise erfolgen muß, daß die Farbe in dominierender Menge aus einem chemisch einheitlichen Anilinfarbstoff erzeugt wird, und daß die Nuancierungszusätze zu dieser Farbe auf Grund des Dreifarbensystems vorgenommen werden müssen.

Interessanterweise ist der gleiche Arbeitsgrundsatz auch bisher ohne jede theoretische Grundlage bei der empirischen Farbenmischungsmethode befolgt worden. Auch hierbei sind immer womöglich Farbstoffe zur Anwendung gelangt, welche in ihrer Nuance der Farbe der Vorlage entsprochen haben, und die Nuancierung ist hier stets durch Zusätze erfolgt, die in ähnlicher Weise zu wirken hatten wie die Nuancierungszusätze des Dreifarbensystems. Allerdings sind diese Zusätze infolge des Mangels an theoretischen Kenntnissen oft sehr ungeschickt gewählt worden. Es deckt sich also hier die empirische Erfahrung mit den theoretisch gewonnenen Farbenmischungsresultaten vollständig. Die empirische Farbenmischungsmethode wird durch diese Untersuchungen nicht umgestoßen, sondern erfährt nur eine Erweiterung und gewinnt eine theoretische Grundlage, welche der praktischen Arbeit sicherlich nur fördernd sein wird.

Siebentes Kapitel.

Koloristische Aufgaben.

Im vorangehenden Kapitel ist gezeigt worden, daß man durch eine rationelle Einordnung der Körperfarben in ein tabellarisches System imstande ist, sämtliche praktisch in Betracht kommenden Farben ihrer koloristischen Zusammensetzung entsprechend zu charakterisieren und so zu einer praktischen Farbenanalyse zu gelangen. Die Erkenntnis der Zusammensetzung der Körperfarben macht es nunmehr in einfacher Weise möglich, die Synthese dieser Farben durchzuführen. Die Farbenanalyse gibt so in ihrer umgekehrten Anwendung zugleich auch die Farbensynthese und beide sind also als ein sehr wertvolles Mittel zur Herstellung von Farbennuancen anzusehen. Es soll nunmehr an einigen koloristischen Beispielen die Farbenanalyse und Farbensynthese demonstriert werden, um einen genauen Einblick über die praktischen Vorteile dieser auf theoretischer Erkenntnis beruhenden Farbenmischungsmethode gegenüber der bisher allgemein gebräuchlichen Methode zu gewinnen.

In der Tafel 5 wurden drei Rosa-Farbennuancen (Muster Nr. 8, 9, 10) hergestellt. Im vorangehenden Kapitel wurde gezeigt, daß es möglich ist, sämtliche bekannten Körperfarben in eine systematische Ordnung zu bringen. Die genannten Farbenmuster sind in ihrer Nuance in der Weise voneinander abweichend, daß das eine Muster eine klare Rosa-Nuance, das zweite dagegen eine mehr gelbrosa und das dritte eine blaurosa, nahezu violette Färbung besitzt. Diese charakteristische Abweichung der drei Farbenmuster bringt es mit sich, daß dieselben in der Farbentabelle nicht nebeneinander, sondern in den drei bestimmten Untergruppen einzuordnen sind. Nach der bekannten Einteilung der Farbentabelle werden die bezeichneten Farbenmuster in der ersten Gruppe, nämlich unter den hellroten Farbennuancen der Hauptgruppe Rot zu finden sein. Da jede dieser Untergruppen noch eine weitere Gliederung in rote, gelbe und blaue Nuancen besitzt so wird das Muster 8 unter den roten hellroten Farbennuancen, Muter 9 unter den gelben hellroten und Muster 10 unter den blauen hellroten Nuancen zu treffen sein. So kommt also diesen drei Farbenmustern in der Farbentabelle ein genau bestimmter Platz zu. Sollen nunmehr diese Farbenmuster praktisch wiederhergestellt werden, so ist die Aufgabe des Koloristen in folgender Weise zu lösen. Steht eine gut ausgearbeitete Farbentabelle zur Verfügung, so genügt es, die Farbenmuster in der Tabelle aufzusuchen; hat man für jedes einzelne in der Tabelle das entsprechende Gegenmuster gefunden, so ist zugleich die Analyse des herzustellenden Farbenmusters gewonnen worden. Wie bereits erwähnt, ist ja jedes

Muster in der Farbentabelle mit einer genauen Beschreibung der Farbenmischung versehen, mittelst welcher dasselbe wieder hergestellt werden kann. Nach der Auffindung der entsprechenden Gegenmuster ist somit die koloristische Aufgabe als gelöst zu betrachten. In diesem Falle schreibt man die Färbevorschriften der Farbentabelle für jedes einzelne Muster ab und rechnet sie auf das Gewichtsquantum um, auf welchem die Farbenvorlage angefertigt werden soll. Beziehen sich beispielsweise die Angaben der Tabelle auf ein Gewicht von 50 kg Färbematerials, und ist das verlangte Farbenmuster nur auf ein Gewichtsquantum von 10 kg des zu färbenden Materials herzustellen, so ist zur Farbmischung nur der fünfte Teil der in der Tabelle gegebenen Farbenvorschrift anzuwenden. Hat man aus der Farbentabelle einen genauen Einblick in die Zusammensetzung der Farbmischungen gewonnen, so ist mit dieser Farbenanalyse zugleich auch die Farbensynthese gegeben. Es ist nun weiter nichts notwendig, als das berechnete Farbenquantum auf der Farbenwage abzuwiegen, die Farbmischung sorgfältig zu lösen und sodann mit dieser Farbmischung unter Einhaltung der gegebenen Färbevorschriften Ausführungen zu machen. Wurden alle Angaben der Tabelle und die Färbevorschriften genau befolgt, so muß, wenn die Farbentabelle exakt ausgearbeitet ist, das Färberesultat mit dem Farbenmuster genau übereinstimmen. Eine mehrjährige praktische Erfahrung auf diesem Gebiete hat mich davon überzeugt, daß es bei gut ausgearbeiteten Farbentabellen tatsächlich möglich ist, ohne jeden Vorversuch bestimmte Farbentöne nach tabellarischen Vorlagen durch bloße Berechnung genau herzustellen und damit bei exakter quantitativer Durcharbeitung der Färbemethode jeden empirischen Farbenmischungsversuch vollkommen auszuschalten. Steht jedoch eine sorgfältig ausgearbeitete Farbentabelle nicht zur Verfügung, so können die drei Muster 8, 9 und 10 auch durch ein bloßes Vergleichen der Farben mit den Angaben von Farbenkarten reproduziert werden. In diesem Falle gestaltet sich die Farbenanalyse etwas umständlicher. Es ist alsdann in Ermanglung zuverlässiger Angaben notwendig, durch einfache Farbenmischungsversuche den gewünschten Farbenton empirisch herzustellen. Zu diesem Zwecke bereitet man sich Lösungen von Anilinfarbstoffen, welche mit einiger Wahrscheinlichkeit die betreffenden Farben zu imitieren imstande sind. Um das Muster 8 herzustellen, wird man, wenn in der Tabelle keinerlei Angaben über die Zusammensetzung dieser Mischfarbe vorhanden sind, die Stammlösung eines roten Anilinfarbstoffes bereiten und mit dieser alsdann Probefärbungen vornehmen. Als Farbstoff hierfür kommt laut Angaben verschiedener Farbenkarten der Farbstoff Erica GN (Berlin) in Betracht (Tafel 4, No. 1). Man wägt ein bestimmtes Quantum dieses Farbstoffes ab und bereitet sich eine Stammlösung, mit welcher auf gewogenem Material Probefärbungen vorgenommen werden. Die mehrmalige Wiederholung solcher Probeversuche führt schließlich zu dem gewünschten Farbenresultat, und es ergibt sich, daß die Farbe des Musters 8 mit 130 g Erica GN auf 50 kg Färbematerial berechnet, tatsächlich hergestellt werden kann. Es ist nach Ausarbeitung dieses Farbmusters empfehlenswert, das hergestellte Muster samt der Angabe des Farbenrezeptes in die Farbentabelle an der richtigen Stelle einzufügen. Man wird sodann bei Wiederholung dieses Farbenmusters in späterer Zeit durch protokollarische Feststellung des Farbentones ohne jeden Vorversuch imstande sein, diesen Farbenton wiederherzustellen.

Soll nunmehr die Farbe des Musters 9 hergestellt werden, und sind hierüber in der Farbentabelle keine Mischungsangaben vorhanden, so ist man gleichfalls genötigt, diese Farbe mittelst empirischer Farbenmischungsversuche durch Stammlösungen von Anilinfarbstoffen herzustellen. Ein beiläufiger Überblick über diese Farbe lehrt uns, daß wir hier eine Mischfarbe vor uns haben. Um diese gelbrosa-Färbung herstellen zu können, wird es wahrscheinlich empfehlenswert sein, verschiedene Farbenmischungen mit roten und gelben Anilinfarbstoffen zu bereiten. Die hier in Betracht kommenden Farbstoffe sind Erica GN (Berlin) (Tafel 4, No. 1) und Chrysophenin G (Beyer) (Tafel 4, No. 2). Diese beiden Farbstoffe, deren Nuancen uns aus früheren Versuchen schon bekannt sind, ergeben in verschiedenen Verhältnissen gemischt, verschiedene gelbrote Färbungen. Man bereitet sich zwei Stammlösungen welche je ein gewogenes Quantum Erica bzw. Chrysophenin in sich gelöst enthalten. Nun mischt man diese beiden Farbstoffe in verschiedenen Flüssigkeitsquantitäten zusammen und macht in jeder Mischung eine Probefärbung. Diese empirischen Probefärbungen setzt man so lange fort, bis man den gewünschten Farbenton der Vorlage 9 erhält; es ergibt sich alsdann, daß der Farbenton des Musters 9 durch folgende Farbmischung hergestellt werden kann:

Muster 9 = 150 g Erica GN + 80 g Chrysophenin G.

Diese Mischungsangabe bezieht sich auf ein Gewichtsquantum von 50 kg Färbematerial. Aus diesen Angaben ergibt sich von selbst die Synthese dieser Mischfarbe. Bereitet man eine Lösung der beiden Farbstoffe in den entsprechenden Gewichtsverhältnissen, so ergibt diese Lösung bei der Ausfärbung den Farbenton des Musters 9. Es dürfte angebracht sein, die so ermittelte Farbenanalyse zu protokollieren und das Farbenmuster samt Angabe des Farbenrezeptes in die Farbentabelle einzuordnen. Dieses Farbenmuster wird unter den hellroten gelben Farbennuancen einzureihen sein.

Zur Herstellung des Musters 10 wird es in Ermanglung von Farbenmischungsangaben notwendig sein, mit zwei Anilinfarbstoffen, und zwar mit Erica GN und Diaminreinblau (Tafel 4, No. 3) gleichfalls empirische Farbenmischungen durchzuführen, und mit diesen beiden Stammlösungen verschiedene Probefärbungen vorzunehmen, bis schließlich nach mehreren

Färbeversuchen das erzielte Mischungsresultat der Nuance der Farbenvorlage gleich ist. Diese Farbmischungen ergeben ungefähr folgendes
Farbenmischungsresultat:

Muster 10 = 150 g Erica GN + 20 g Diaminreinblau

und zwar berechnet auf 50 kg Färbegut. Dieses Farbmuster wird
ebenfalls mit Angabe des Farbrezeptes in die Farbentabelle eingereiht,
damit bei einer Wiederholung dieser Mischfarbe eine nochmalige Ausarbeitung des Musters vermieden wird.

Es sind also die drei Muster 8, 9 und 10 durch empirische Farbenmischungsversuche in ihrer Zusammensetzung analysiert worden, wodurch es ermöglicht wurde, diese Muster praktisch in einfachster Weise
herzustellen. Durch exakte Vorversuche kann so ein für dauernde Zeit
gültiger Aufschluß über die Zusammensetzung einer bestimmten Mischfarbe gewonnen werden.

Sollen nunmehr Muster 11, 12 und 13 hergestellt werden, so wird
es empfehlenswert sein, in der Farbentabelle nachzuschlagen, ob diese
Farbennuancen darin enthalten sind. Das Muster 11 entspricht einem
hellen rötlichgrünen Farbenton, das Muster 12 besitzt eine helle gelbgrüne, das Muster 13 eine helle blaugrüne Färbung. Sucht man also in
der Gruppe Grün die Untergruppe der hellen Färbungen auf und vergleicht unter den gelben, roten und blauen Nuancen sämtliche hellgrüne
Färbungen mit den drei hellgrünen Farbenvorlagen, so wird bei guter
und vollständiger Ausarbeitung der Tabelle für jedes der drei vorliegenden
Muster sich ein entsprechendes, genau übereinstimmendes Gegenmuster
vorfinden; in diesem Falle ist die koloristische Aufgabe gelöst. Man
hat nur genau nach den in der Tabelle verzeichneten Angaben unter
Umrechnung der bestimmten Farbstoffgewichte Ausfärbungen vorzunehmen, die sofort das gewünschte Färberesultat ergeben müssen.
Sind jedoch in der Farbentabelle keine Mischungsangaben vorhanden,
so wird es wieder notwendig sein, Probefärbungen mit entsprechenden
Anilinfarbstoffen in rein empirischer Weise vorzunehmen; als Anilinfarben scheinen hier zur Erzielung des Musters 11 den Angaben der
Farbenkarten entsprechend die Lösung von Naphtamingrün G (Kalle)
ohne jeden Zusatz von Mischfarbstoffen geeignet zu sein. Diese Probefärbungen werden solange fortgesetzt, bis die gewünschte Farbennuance
erreicht ist. Es ergibt sich alsdann, daß zur Herstellung dieses Farbentones ungefähr 100 g Naphtamingrün, auf ein Färbegut von ca. 50 kg
berechnet, notwendig sind. Nach den uns bereits im 5. Kapitel bekannt
gewordenen Tatsachen ist die erwähnte grüne Farbe auch herstellbar aus
der Mischung eines gelben und eines blauen Anilinfarbstoffes. Man könnte
daher auch zur Erzielung des Musters 11 mit Stammlösungen von Chrysophenin G (Beyer) siehe Tafel 4, No. 2 und Naphtaminblau G (Kalle)
vgl. Tafel 4, No. 4, verschiedene Mischungen herstellen. Macht man nach
jeder Mischung eine Probefärbung und setzt diese Mischungen so lange

fort, bis die erzielten Probefärbungen mit dem Muster der Farbenvorlage vollkommen genau übereinstimmen, so erhält man ungefähr folgendes Farbenmischungsresultat:

Muster 11 = 50 g Chrysophenin G + 100 g Naphtaminblau G.

Diese Angaben beziehen sich ebenfalls wieder auf 50 kg Färbematerial Es ist jedoch in der Praxis infolge des großen Farbstoffverbrauches die Anwendung eines einheitlichen grünen Anilinfarbstoffes vorzuziehen. Ist die praktische Farbenanalyse des Musters 11 durchgeführt, so empfiehlt es sich, dieses Muster samt der Angabe des Farbenrezeptes in die Farbentabelle einzureihen. Die praktische Farbensynthese erfolgt in bekannter Weise durch Auflösen des gewogenen Farbstoffquantums und Herstellung der Färbung unter Einhaltung der entsprechenden Färbevorschriften.

Die gelbgrüne Färbung des Musters 12 läßt sich, wie augenscheinlich durch Mischung aus gelben und grünen Farbstoffen herstellen. Im Falle der Ermanglung von bestimmten Färbeangaben ist es zur Herstellung dieses Farbenmusters nötig, rein empirische Farbenmischungsversuche vorzunehmen; als Farbstoffe kommen hierbei in Betracht je eine Lösung von Chrysophenin (Tafel 4, No. 2) und von Naphtamingrün W (Tafel 5, No. 11). Bereitet man in diesen Stammlösungen Ausfärbungen und setzt diese bis zur vollständigen Erreichung des gewünschten Farbentones fort; es ergibt sich dann ungefähr folgender Farbenverbrauch:

Muster 12 = 100 g Chrysophenin G + 100 g Naphtamingrün W,
bezogen auf 50 kg Färbegut; auch dieses Muster wird unter Angabe des Färberezeptes in die Tabelle eingeordnet.

Ist ferner in der Tabelle zur Herstellung des Musters 13 eine genauere Angabe nicht enthalten, so muß mittelst einer empirischen Mischung der Anilinfarbstoffe Naphtamingrün W (Tafel 5, No. 11) und Naphtaminblau G (Tafel 4, No. 4) die Farbennuance des vorliegenden Farbenmusters zu erzielen versucht werden. Bei Übereinstimmung der Probefärbungen mit der Farbenvorlage erhält man ungefähr folgendes Mischungsverhältnis:

Muster 13 = 100 g Naphtamingrün W + 35 g Naphtaminblau G,
gleichfalls bezogen auf ein Gewichtsquantum von 50 kg Färbegut. Nach Eintragung dieses Farbenmusters in die Tabelle ist es möglich, das Farbenrezept zur Herstellung desselben Farbentones später wieder zu verwenden, woraus sich auch ohne weiteres die Farbensynthese dieses Farbenmusters ergibt.

Über die Zusammensetzung einer grauen Farbe gibt uns nunmehr Tafel 6 Aufschluß. Die Muster 14, 15 und 16 zeigen drei hellgraue Färbungen, von welchen das eine ein rötliches, das andere ein gelbliches und das dritte bläuliches Aussehen besitzt. Sollen diese drei Farbentöne das ist ein helles Rotgrau, ein helles Gelbgrau und ein helles Blaugrau, hergestellt werden, so werden in der Tabelle dieselben unter den hellgrauen Farbennuancen zu suchen sein. Sind dieselben in der Farbentabelle vorhanden, so kann die koloristische Aufgabe als gelöst betrachtet werden. Die nach den Angaben der Tabelle und unter Einhaltung der gegebenen Farbevorschriften vorgenommenen Färbungen müssen alsdann genau die gewünschten Farbentöne der Muster 14, 15 und 16 ergeben. Finden sich jedoch in der Tabelle über die Mischungsverhältnisse keine Angaben, so muß wieder der Weg rein empirischer Farbenmischungen beschritten werden. Um den rotgrauen Farbenton des Musters 14 zu erzielen, ist es empfehlenswert, die Stammlösung eines schwarzen Anilinfarbstoffes anzuwenden. Der Vergleich des grauen Farbentones mit Mustern der Farbenkarten zeigt, daß die meisten schwarzen Anilinfarbstoffe in erwähnter Färbung ein blaugraues Aussehen besitzen. Der rötliche Ton dieses Farbenmusters wird also nur durch die Mischung von roten und gelben Farbentönen mit dem schwarzen Farbstoff erzielt werden können. Zur Herstellung des Musters 14 wird also als dominierender Farbstoff die schwarze Anilinfarbe anzuwenden sein, und zwar hier Naphtamindirektschwarz FF (Kalle), vgl. Tafel 4, No. 5. Als roten Farbstoff verwenden wir Erica GN (Tafel 4, No. 1), für Gelb schließlich Chrysophenin G (Tafel 4, No, 2). Mit Hilfe dieser Mischungen erhält man verschiedene rötlichgraue Farbennuancen. Man setzt diese Farbmischungen verbunden mit Ausfärbungen so lange fort, bis der Farbenton des Musters 14 genau erreicht ist; in diesem Falle hat man ungefähr das Mischungsverhältnis:

Muster 14 =

60 g Naphtamindirektschwarz FF + 10 g Chrysophenin G + 25 g Erica GN, bezogen auf 50 kg Färbegut.

Nach Eintragung dieses Musters kann nun zur Herstellung des Musters 15 geschritten werden; zu diesem Zwecke benutzt man den Anilinfarbstoff Naphtamindirektschwarz FF und den gelben Farbstoff Chrysophenin G. Nach verschiedenen Probemischungen verbunden mit Ausfärbungen ergibt sich schließlich bei Übereinstimmung der Farbennuancen ungefähr folgendes Resultat:

Muster 15 =

180 g Naphtamindirektschwarz FF + 30 g Chrysophenin G, gleichfalls bezogen auf 50 kg des zu färbenden Materials. Auch diese Farbenanalyse wird an entsprechender Stelle in die Farbentabelle eingetragen.

Soll das Muster 16 hergestellt werden, und finden sich in der Tabelle hierüber keinerlei Angaben, so verwendet man eine Mischung des erwähnten Anilinfarbstoffes Naphtamindirektschwarz FF und von Naphtaminblau G (Tafel 4, No. 4). Auf analoge Weise zeigt sich bei verschiedenen Mischproben und Ausfärbungsversuche das Mischungsverhältnis:

Muster 16 =
200 g Naphtamindirektschwarz FF + 80 g Naphtaminblau G.

Zur Vervollständigung der Farbentabelle wird auch dieses Muster samt Angabe des auf 50 kg Färbematerial bezogenen Farbenrezeptes eingereiht werden.

Sollen die Farbenmuster 17, 18 und 19 reproduziert werden, so sind dieselben in der Tabelle unter den mittelgrauen Farben bzw. deren Untergruppen mit roten, gelben und blauen Nuancen zu suchen. Das Farbenmuster findet sich alsdann unter den roten mittelgrauen Farbennuancen, Muster 18 unter den gelben mittelgrauen und Muster 19 unter den blauen mittelgrauen Farbentönen. Sind diese Muster tatsächlich in der Farbentabelle vorhanden, so ist damit die Farbenanalyse für alle drei Farben gewonnen, die Farbensynthese erfolgt sodann unter genauer Berücksichtigung der in der Tabelle gemachten Angaben. Sind jedoch diese Farbenmuster in der Farbentabelle nicht vorhanden, so ist es wieder zu deren Herstellung nötig, sich der Mischung mehrerer Anilinfarbstoffen zu bedienen. Zur Erzielung des Farbentones des Musters 17 ist es empfehlenswert, Mischungen der Farbstoffe Naphtamindirektschwarz FF und Erica GN (vgl. Tafel 4, No. 5 und 1) anzuwenden. Setzt man diese Mischungen mit darauffolgenden Probefärbungen solange fort, bis das erzielte Farbenmuster mit der Vorlage genau übereinstimmt, so ergibt sich angenähert das Farbenmischungsresultat

Muster 17 =
250 g Naphtamindirektschwarz FF + 30 g Erica GN,
und zwar bezogen auf 50 kg Färbegut.

In genau derselben Weise verfährt man bei Herstellung der Muster 18 und 19, sobald in der Farbentabelle keinerlei Angaben über deren Zusammensetzung enthalten sind. Man benützt wieder mehrere Anilinfarbstoffe, macht mit diesen Probemischungen und Ausfärbungen und setzt dieselben bis zur genauen Erzielung der gewünschten Farbentöne fort; man erhält dann ungefähr folgende Daten über deren Zusammensetzung:

Muster 18 =
300 g Naphtamindirektschwarz FF + 100 g Chrysophenin G,
Muster 19 =
300 g Naphtamindirektschwarz FF + 100 g Naphtaminblau G.

Sollen schließlich die Muster 20 und 21 der Tafel 6 hergestellt werden, so werden diese, falls überhaupt in der Farbentabelle enthalten, unter den dunkelgrauen Farben zu finden sein. Falls ein Farbenton mit derselben roten dunkelgrauen Nuance sowie ein solcher von ebendemselben blauen dunkelgrauen Aussehen wie Muster 20 bzw. 21 in der Tabelle vorhanden ist, so ist hiermit eine Farbenanalyse gegeben, und die Farbensynthese erfolgt unter genauer Einhaltung der Mischungsangaben der Tabelle in einfacher Weise. Sind jedoch in der Tabelle keine Angaben über die Zusammensetzungsverhältnisse dieser Farbenmuster enthalten, so können diese abermals durch empirische Farbenmischungsversuche gewonnen werden. Führt man diese Versuche genau in entsprechender Weise wie die bisherigen Probemischungen mit anschließenden Ausfärbungen durch, so erzielt man für die Muster 20 und 21 angenähert folgende Mischungsangaben, bezogen auf 50 kg Färbegut:

Muster 20 =

600 g Naphtamindirektschwarz FF + 250 g Chrysophenin G,

Muster 21 =

500 g Naphtamindirektschwarz FF + 200 g Naphtaminblau G.

Die hier angeführten koloristischen Aufgaben haben uns gezeigt, in welcher Weise die Farbenanalyse durchzuführen ist, wenn man hierüber aus den Farbentabellen keinerlei Anhaltspunkte besitzt. Bei der Anwendung von Mischungen ist stets darauf Bedacht zu nehmen, daß man nur solche Farbstoffe verwendet, welche der gegewünschten Färbung möglichst nahekommen, während die beigesetzten Nuancierungsfarbstoffe nur einen geringen Prozentsatz der Mischung betragen sollen, um dadurch unrationelle Farbmischungen zu vermeiden. Die Nuancierungsmethode der Anilinfarbstoffe auf Grund des Dreifarbensystems gestattet es, den Farbenton vollkommen genau zu zügeln und die Farbennuance in jene Richtung zu lenken, die dem Wunsche des Koloristen entspricht. Durch die Kombination zwischen der Anwendung einheitlicher Anilinfarbstoffe und der Farbennuancierungsmethode des Dreifarbensystems ist es sehr leicht, jede beliebige Körperfarbe auf Grund vorheriger analytischer Berechnung herzustellen. Ist beispielsweise die Zusammensetzung einer bestimmten Farbe bekannt, und soll nunmehr eine Farbe hergestellt werden, welche der Farbenvorlage ähnlich ist, jedoch nicht genau mit dieser übereinstimmt, so ist zu diesem Zwecke weiter nichts notwendig als die Farbenangaben mit einigen Zusätzen einer zweiten oder dritten Grundfarbe zu korrigieren und man wird alsdann den Farbenton soweit abändern können, bis er mit dem herzustellenden neuen Farbenton genau übereinstimmt. Solche Farbenkorrekturen bei Verwendung bekannter und gegebener Farbenmuster sind bei Benutzung von Farbentabellen sehr häufig notwendig, weil es ja praktisch nicht möglich ist, alle Farbennuancen in die Tabelle aufzunehmen. Es finden sich in den Tabellen immer gewisse Abstufungen von Nuance zu Nuance, welche das Vorhandensein von Zwischennuancen bedingen. Wünscht man nun die

Zwischennuancen innerhalb einer Nuancenstufe herzustellen, so ergibt sich die Farbenkorrektur, welche vorzunehmen ist aus den beiden Farbenmustern, zwischen welchen die herzustellende Zwischennuance sich befindet. Man nimmt in diesem Falle auf Grund einer schätzungsweisen Berechnung eine kleine Gewichtsveränderung des Mischungsverhältnisses der Farbstoffe vor, macht sodann eine Probefärbung und wird in der Regel sofort die gewünschte abgeänderte Farbennuance erhalten können.

Durch diese, auf theoretischer Erkenntnis und praktischer Nutzanwendung beruhende Farbenmischungslehre wird es im Laufe der Zeit gelingen, dem ganzen Farbenmischungswesen eine wissenschaftliche Basis zu geben, welche es bisher nicht besessen hat. Dadurch wird allen Industrien, welche auf die Anwendung der Körperfarben aufgebaut sind, jener Anschluß an die wissenschaftliche Erkenntnis gegeben werden, welche allein der praktischen Arbeit einen höheren Wert verleiht.

1 Rot, 2 Gelb, 3 Blau, 4 Orange, 5 Grün, 6 Violett, 7 Bordeaux, 8 Braun, 9 Oliv, 10 Dunkelblau, 11 Schwarz.

Verlag von Julius Springer in Berlin.

No. 1

No. 2

Verlag von Julius Springer in Berlin.

No. 3

No. 4

No. 5

Klischees der Chemigraphischen Anstalt Georg Büxenstein u. Comp., Berlin.

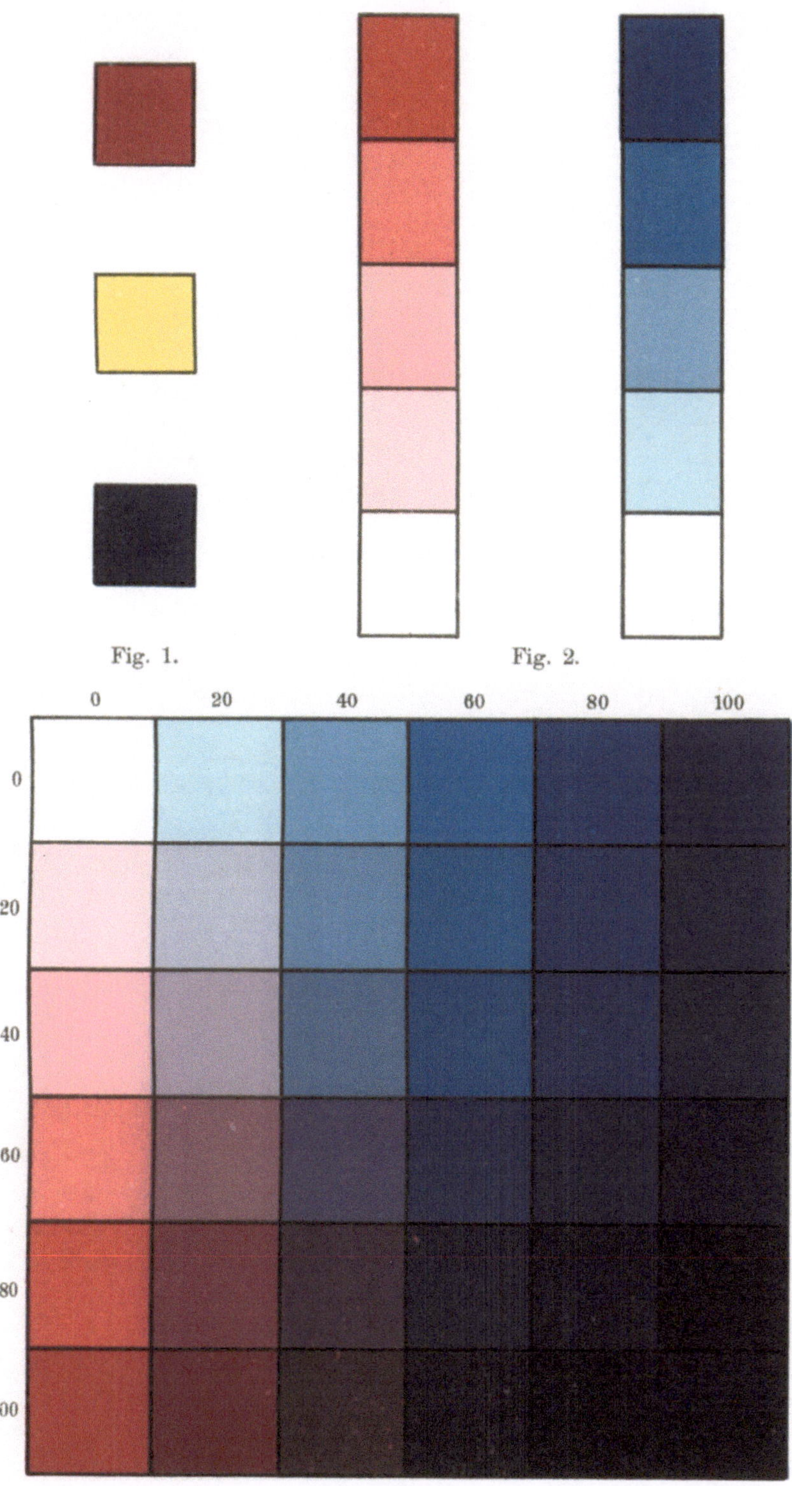

Fig. 1.   Fig. 2.

Fig. 3.

Verlag von Julius Springer in Berlin.

Nr. 1.

Nr. 2.

Nr. 3.

Nr. 4.

Nr. 5.

Nr. 6.

Nr. 7.

Verlag von Julius Springer in Berlin.

Verlag von Julius Springer in Berlin.

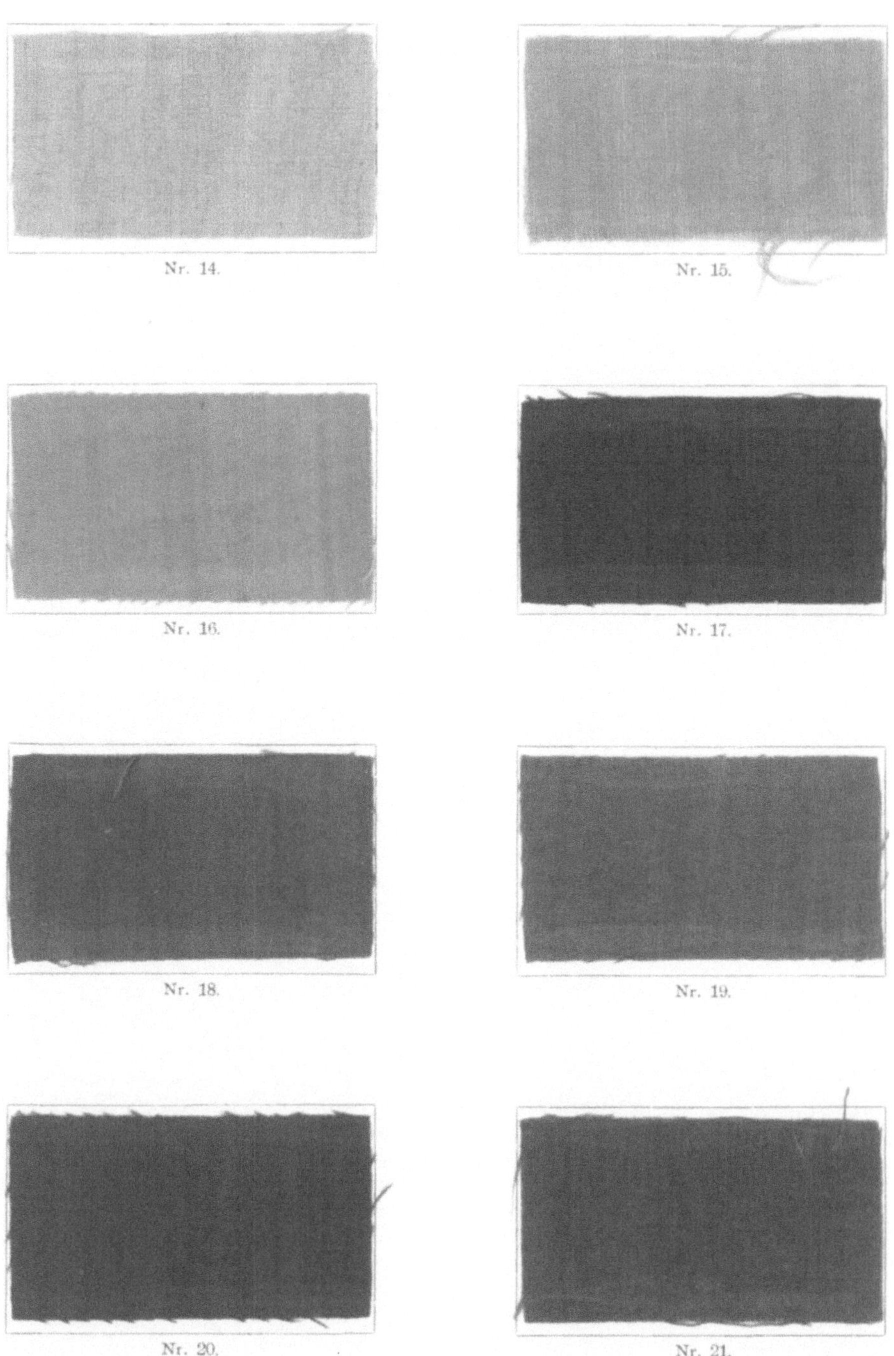

Nr. 14. Nr. 15. Nr. 16. Nr. 17. Nr. 18. Nr. 19. Nr. 20. Nr. 21.

Verlag von Julius Springer in Berlin.

Verlag von Julius Springer in Berlin.

Die neueren Farbstoffe der Pigmentfarben-Industrie. Mit besonderer Berücksichtigung der einschlägigen Patente. Von Dr. **Rupert Staeble.** Preis Mk. 6.—, in Leinwand gebunden Mk. 7.—.

Chemie der organischen Farbstoffe. Von Prof. Dr. R. **Nietzki** (Basel). Fünfte, umgearbeitete Auflage. In Leinwand gebunden Preis M. 8.—.

Anleitung zur qualitativen Appretur- und Schlichte-Analyse. Von Dr. **Wilhelm Massot,** Professor an der Färberei- und Appreturschule Krefeld. Zweite, erweiterte und verbesserte Auflage. Mit 42 Textfiguren und 1 Tabelle. Preis Mk. 6.—, in Leinwand gebunden Mk. 7.—.

Färbereichemische Untersuchungen. Anleitung zur Untersuchung und Bewertung der wichtigsten Färberei-, Bleicherei-, Druckerei- und Appretur-Materialien. Von Dr. **Paul Heermann.** Zweite, erweiterte und umgearbeitete Auflage. Mit 5 Textfiguren und 3 Tafeln. In Leinwand gebunden Preis M. 9.—.

Koloristische und textilchemische Untersuchungen. Von Dr. **Paul Heermann.** Mit 9 Textfiguren und 3 Tafeln. In Leinwand gebunden Preis M. 10.—.

Untersuchung und Nachweis organischer Farbstoffe auf spektroskopischem Wege. Von Prof. J. **Formánek** (Prag) unter Mitwirkung von Prof. Dr. E. **Grandmougin** (Zürich). Zweite, vollständig umgearbeitete und vermehrte Auflage. I. Teil. Mit 19 Textfiguren und 2 lithographischen Tafeln. Preis M. 12.—.
II. Teil, 1. Lieferung. Mit 8 Textfiguren und 6 lithographischen Tafeln. Preis M. 10.—.

Spektroskopie. Von E. C. C. **Baly,** F. J. C., Lecturer on Spectroscopy and Assistant-Professor of Chemistry, University College, London. Autorisierte deutsche Übersetzung von Professor Dr. **Richard Wachsmuth.** Mit 158 Abbildungen. Preis M. 12.—, in Halbfranz gebunden M. 14.50.

Malmaterialienkunde als Grundlage der Maltechnik. Für Kunststudierende, Künstler, Maler, Lackierer, Fabrikanten und Händler. Von Prof. Dr. A. **Eibner** (München). Preis M. 12.—, in Leinwand gebunden M. 13.60.

Taschenbuch für die Färberei und Farbenfabrikation. Unter Mitwirkung von H. **Surbeck** herausgegeben von Professor Dr. R. **Gnehm** (Zürich). Mit Textfiguren. In Leinwand gebunden Preis M. 4.—.

Zu beziehen durch jede Buchhandlung.

Verlag von Julius Springer in Berlin.

Anlage, Ausbau und Einrichtungen von Färberei-, Bleicherei- und Appretur-Betrieben. Von Dr. **Paul Heermann**, ständ. Mitarbeiter und Leiter der textiltechnischen Prüfungen am Königlichen Materialprüfungsamt der Technischen Hochschule Berlin. Mit 90 Textfiguren.
Preis M. 6.—, in Leinwand gebunden M. 7.—.

Theorie und Praxis der Garnfärberei mit den Azo-Entwicklern. Von Dr. **F. Erban**. Mit 68 Textfiguren.
In Leinwand gebunden Preis M. 12.—.

Die Apparatefärberei. Von Dr. **Gustav Ullmann**. Mit 128 Textfiguren.
In Leinwand gebunden Preis M. 6.—.

Bleichen und Färben der Seide und Halbseide in Strang und Stück. Von **Carl H. Steinbeck**. Mit zahlreichen Textfiguren und 80 Ausfärbungen auf 10 Tafeln. In Leinwand gebunden Preis M. 16.—.

Anilinschwarz und seine Anwendung in Färberei und Zeugdruck. Von Dr. **E. Noelting**, Direktor der städtischen Chemieschule in Mülhausen i. E., und Dr. **A. Lehne**, Geh. Regierungsrat, Abteilungsvorsitzendem im Kaiserlichen Patentamt. **Zweite, völlig umgearbeitete Auflage.** Mit 13 Textfiguren und 23 Zeugdruckmustern und Ausfärbungen auf 4 Tafeln.
In Leinwand gebunden Preis M. 8.—.

Färber-Zeitung. Zeitschrift für Färberei, Zeugdruck und den gesamten Farbenverbrauch. Unter Mitwirkung von Dr. **Heinrich Lange**, Leiter der Königl. Färberei- und Appreturschule in Crefeld, herausgegeben von Geh. Regierungs-Rat Dr. **Adolf Lehne**.
Preis des Jahrganges von 24 Heften mit Mustern M. 16.—.

Technologie der Fette und Öle. Handbuch der Gewinnung und Verarbeitung der Fette, Öle und Wachsarten des Pflanzen- und Tierreichs. Unter Mitwirkung von Fachmännern herausgegeben von **Gustav Hefter**, Triest.
Erster Band: **Gewinnung der Fette und Öle. Allgemeiner Teil.**
Preis Mk. 20.—; in Halbleder gebunden Mk. 22.50.
Zweiter Band: **Gewinnung der Fette und Öle. Spezieller Teil.**
Preis Mk. 28.—; in Halbleder gebunden Mk. 31.—.
Dritter Band: **Die Fett verarbeitenden Industrien.**
Preis Mk. 32.—; in Halbleder gebunden Mk. 35.—.
Der Vierte (Schluß-) Band, enthaltend die **Seifenfabrikation**, soll Ende 1911 erscheinen.

Untersuchung der Mineralöle und Fette sowie der ihnen verwandten Stoffe. Von Prof. Dr. **D. Holde**, Berlin. **Dritte, verbesserte und vermehrte Auflage.** Mit 92 Figuren. In Leinwand gebunden Preis Mk. 12.—.

Zu beziehen durch jede Buchhandlung.